SIGNAL

新しい信号処理の教科書

信号処理の基本から
深層学習・グラフ信号処理まで

馬場口 登＋中村 和晃【共著】
Babaguchi Noboru+Nakamura Kazuaki

PROCESSING

JN028210

Ohmsha

まえがき

　信号処理 (signal processing) は，さまざまなセンサ（カメラ，マイクなど）から得られる信号（音響，画像，映像など）をディジタル化してコンピュータで処理し，瞬時に伝送するのに加え，インターネットで流通，共有させるために不可欠な技術分野である．信号処理によって，人間が聞きやすく，見やすく，わかりやすくし，さらには人間や機械がより高度な分析や判断を行うことを可能にする．最近，しばしば使われるキーワードである「IoT (Internet of Things)」「ビッグデータ」に関し，実世界に存在する無数のセンサからの大規模データ（信号）が実時間で記録，保存，解析されることが前提となって，別のキーワードである「可視化」「見える化」「イメージング」などが実現される．信号処理がなければ，現代のスマート社会は成り立たないといっても過言ではない．信号処理がカバーする領域は，電気電子・情報通信・制御システム・マルチメディア処理などの工学分野，宇宙物理・天文学・ナノマイクロなどの科学分野，株価・物価動向などの経済分野，CT・エコー・心電図・脳波などの医用分野など，きわめて広範である．信号処理と密接な関係をもつ世界的学会 IEEE では，Signal Processing Society が，100 カ国 19 000 人以上のメンバーを有し，IEEE で 4 番目に大きな Society となっている．

　大学においては，電子情報系の基礎分野として必須の科目となっており，多くの大学院の入試科目にも取り入れられている．著者らは，大阪大学工学部電気系学科において 20 余年にわたり「信号とシステム」「ディジタル信号処理」という科目をそれぞれ，半期を掛けて講義してきた．そこで強調してきたことは，信号処理はフーリエ解析など基礎にして，きわめて数理的な学問体系であるが，今や，コンピュータ，Web アプリ，スマートフォン（スマホ），デジタルカメラ（デジカメ）などあらゆる情報システムに利用されているきわめて実用的な技術分野という点である．フーリエ変換を不得意とする学生が多い中で，その親類ともいうべき離散コサイン変換がスマホやデジカメの写真の保存方式に使われていることに興味や驚きを示す学生も多い．

　本書は，信号処理をシステムとして見たとき，システムへの入力，出力が共に

信号である処理を中心に記述している．第 1 章から第 4 章が，信号処理の概念，信号の数学的表現，信号処理のシステム論的取り扱い，連続時間フーリエ解析，第 5 章が連続時間から離散時間への橋渡しとなるサンプリングである．第 6 章から第 10 章が離散時間信号に対する処理や変換，いわゆるディジタル信号処理の範囲となる．第 11，12 章は，信号処理の応用として重要な JPEG/MPEG とその数学的基礎を記した部分である．近年，人工知能，特に機械学習，深層学習の音声処理や画像処理への応用が盛んで大きな成功を収めている．そこで第 13 章において新しい信号処理にも触れる．

　本書は，学部レベルの教科書を意図して記述したものであるが，大学院レベルにも展開させ得る内容も含んでいる．本文中には問いを設け，その解答も示している．この問いには，重要な数式の導出や変形なども含んでいる．さらに章末問題も設けている．これらの一部は，大阪大学の期末試験で実際に出題したものも含まれている．章末の演習問題は本文内容の理解を進める上で，意義深いものであり，是非，解答を試みられるよう期待している．なお，演習問題の解答は https://www.ohmsha.co.jp/book/9784274227806/ に置くので適宜参照してほしい．

　最後に，本書を著すにあたり，図表作成や LATEX による原稿作成，修正に，献身的に取り組んでいただいた井上彩さん，ならびに本書の刊行を後押しして下さり，支援いただいたオーム社の諸氏に深謝する．

令和 3 年 10 月

著　者

目　　　次

第11章　離散コサイン変換とウェーブレット変換
161

第12章　画像・映像の圧縮：JPEG・MPEG
175

第13章　新しい信号処理 191

第1章　信号処理とは

　信号処理 (signal processing) は電気電子，情報通信，マルチメディア（音声・画像・映像）処理，制御などの工学分野だけなく，広く経済，医用電子などの分野でも重要な働きをなす．本章では，信号処理の基礎となる概念を述べる．

1·1　信号とは

　信号 (signal) の定義は『大辞林』によれば，
(1)　離れた二者以上の者の間において，定められた符号によって互いに意思を通ずる方法．色・形・光や，音・電波などによる方法が用いられる．合図．シグナル．
(2)　交通整理のための合図をする機械．
(3)　音声・画像・データを送受信可能なように，電気的波形としたもの．電気信号．
とある．本書のコンテクストでは，(3) の意味になる．しかしながら，情報伝達する手段としての定義である (1) もまた本書との関連が深い．

　人間は視覚・聴覚・味覚・嗅覚・触覚という五感を通して，情報を授受している．空気の疎密波（音波）が鼓膜に到達することで声や物音を感じ，光の刺激が網膜に到達することにより形や色，動きを知る．このとき情報を伝達する音や光に対するその物理量が信号である．したがって，音声信号，画像信号，映像信号，光信号，生体信号など信号の前に修飾語をつけてその信号が何の物理量かを明示する．

1·2　信号の数学的表現

　信号は物理量や観測量を表し，総体として何らかの現象の振る舞いを表す．数学的には，1つ以上の独立変数を有する関数として表現される．

1.2.1　連続と離散

　ここでは簡単のため1つの独立変数をもつ場合を考える．t が時間を表す連続変数（実数）であるとき，また，そのときに限り関数 $f(t)$ を**連続時間信号**(continuous-time signal) と呼ぶ．一方，t が離散的 (discrete) で $f(t)$ がとびとびの時間間隔で定義されるとき，$f(t)$ を**離散時間信号** (discrete-time signal) と呼ぶ．また，$f(t)$ を**時間領域** (time domain) での信号表現ということもある．図1.1と図1.2に連続時間信号と離散時間信号の例を示す．

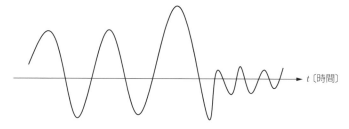

図 1.1　連続時間信号

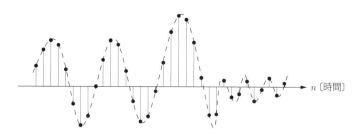

図 1.2　離散時間信号

　さて，時間軸上で等間隔な時点で信号値（振幅）を得ることを**サンプリング** (sampling) あるいは**標本化**と呼ぶ．一般に連続時間信号 $f(t)$ をある時間間隔 T でサンプリングすると，離散時間信号は $f(nT)$, (n は整数) で表され，さら

に T を省略してデータ列 $f[n] = f(nT)$ で表現する．ここで，T を**サンプリング間隔**，$1/T$ を**サンプリング周波数**という．

　以上が時間軸上の連続ないしは離散による信号の分類であるが，信号の値によってもさらに分類できる．信号値を離散的にすることを**量子化** (quantization) と呼ぶ．図 1.3 に時間軸と信号値に対する連続と離散による信号の分類をまとめる．アナログ (analog) 信号，多値 (multi-level) 信号，サンプル値 (sampled-data) 系列，ディジタル (digital) 信号の違いに注意されたい．ディジタル信号はコンピュータで信号処理を行う際の基本形態である．

値 / 時間	連続	離散		
連続	アナログ信号	多値信号	------▶	連続時間信号
離散	サンプル値系列	ディジタル信号	------▶	離散時間信号

図 **1.3**　信号の分類

1.2.2　信号の次元数

　信号を表す独立変数の数によっても以下のように分類できる．

(1) 1 次元信号

　関数 $f(t)$ は 1 次元信号を表し，通常 $t \in \mathbb{R}$ は時間を表す．ただし，$\mathbb{R}$ は実数の集合である．1 次元信号の代表例は**音響信号** (audio signal) である．図 1.1 や図 1.2 は 1 次元信号の例である．

(2) 2 次元信号

　関数 $f(x, y)$ は 2 次元信号を表し，$(x, y) \in \mathbb{R} \times \mathbb{R}$ は 2 次元平面上の位置あるいは場所を表す．図 1.4 は 2 次元信号の例であり，**画像** (image) を表す．画像信号をディジタル化した**ディジタル画像**は，図 1.5 に表され，**画素** (pixel) と呼ばれる単位からなる 2 次元配列である．

(3) 3 次元信号：その 1

　関数 $f(x, y, z)$ は 3 次元信号を表し，$(x, y, z) \in \mathbb{R}^3$ は立体的位置を表す．この 3 次元データをディジタル化したものが **3 次元データ**で，**ボクセル** (voxel)

図 1.4　画像信号

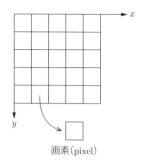

画素（pixel）

図 1.5　ディジタル画像

と呼ばれる単位からなる 3 次元配列である．図 1.6 は 3 次元データの例であるが，現実のものとしては，CT (Computed-Tomography) 画像やコンピュータグラフィックス (Computer Graphics：CG) のボリュームデータがある．

（4）3 次元信号：その 2

　独立変数の 1 つを時間変数とする関数 $f(x, y, t)$ を考える場合も多い．ここで，$(x, y) \in \mathbb{R}^2$ は場所を表し，t は時間を表す．このような信号は時間軸を有する画像列であって，一般に**映像** (video)，**時系列画像** (image sequence)，**動画** (motion picture) などという．図 1.7 に模式図を示す．t を固定したときの $f(x, y, t)$ は静止画を表し，**画像フレーム** (image frame) と呼ばれる．時間軸方向の解像度，すなわち単位時間当たりに画像フレームが何回出現するかを示す指標を**フレームレート** (frames per second：fps) という．テレビやビデオの映像信号は 30 fps であり，この数値をビデオレートという．

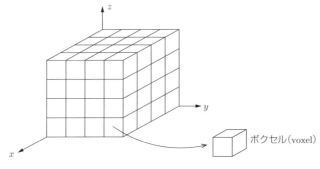

図 **1.6** 3 次元データ

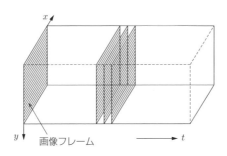

図 **1.7** 映像信号

(5) 4 次元信号

関数 $f(x, y, z, t)$ は 4 次元信号を表し，$(x, y, z) \in \mathbb{R}^3$ は立体的位置を表し，t は時間を表す．ディジタル化したものを**時系列空間データ**と呼び，動画の CT データがこれに相当する．

(6) 多次元信号

上記，(1)〜(5) は現実世界に対応する信号であるが，独立変数をさらに多くもつ**多次元信号**もあり得る．$f(t_1, t_2, \ldots, t_n)$ のように，多数の独立変数 t_1, $t_2, \ldots, t_n$ によって定義される信号である．多次元信号は種々の観測データや計測データに対応する．

1·3 信号，記号，パターン，メディア

　さて，信号の対極にあるものは，**記号** (symbol) である．記号の辞書的意味
は，「一定の事象や内容を代理・代行して指し示すはたらきをもつ知覚可能な対
象」(大辞林) とある．すなわち，記号そのもので何らかの概念の集合を指し示
すのである．例えば，「あ」という文字を 100 人に紙に書かせると 100 種類の
「あ」のパターンができあがる．人間はこの 100 パターンを見て，悪筆，達筆の
いかんに拘らず「あ」と読むことができる．この「あ」こそが記号であり，「あ」
が日本語のアルファベットである仮名の一番目の文字であるという概念を示す．

　ところで，音声信号や画像信号とほとんど同様のことを指す用語として**パター
ン** (pattern) がある．パターンとは情報の表現単位の集合をいい，例えば画像
では画素が表現単位となる．またパターンは，「空間的または時間的に観測可能
な事象であって，観測された事象どうしが同一であるか (または似ているか) 否
かを判定できるような性質を備えているもの」と定義される．画像は画素単体
ではほとんど意味をなさず，総体としてすなわち画像パターンとして意味を表
すことがわかる．先ほどの「あ」の例では，文字パターンを 2 次元信号で表す
が，信号全体として「あ」というパターンを示していることになる．同様に，音
声を表す 1 次元信号でも，時間軸上の 1 点での瞬時値では，音声パターンが何
を表すかわからない．音声パターンは音声波形と同じものを指し，ある一定時
間以上の音声信号が意味をもつことになる．

　次に**メディア** (media) という用語も画像メディア，音声メディアなどと使わ
れる．メディアとは情報を媒介するものとして定義され，画像や音声を表現す
るメディアが画像メディア，音声メディアである．これらを表現メディアと呼
ぶと，表現メディアは**記号表現**と**信号表現**に大別される．言語メディアは前者
で，画像・音声メディアは後者である．

　記号表現と信号表現との間の変換は，信号の意味を解釈することによって記号
に変換される．この解釈のために信号から特徴を抽出して，記号に対応させる．
この処理を一般に**パターン認識** (pattern recognition) という．逆に記号表現か
ら信号表現を得る処理を**パターン生成/合成** (pattern generation/synthesis)
と呼ぶ．コンピュータグラフィックスは，パターン生成/合成の具体化である．

　図 1.8 のように音声波形 (図の上段) から，特徴 (ここでは，スペクトログ

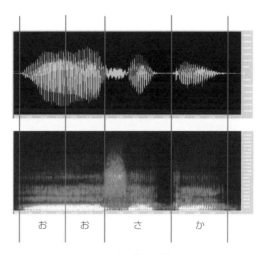

図 **1.8**　音声認識

ラムという時間間隔ごとの周波数分布，図の中段）を抽出し，分類することによって記号「お」「お」「さ」「か」を得る処理が，音声認識である．逆に記号列「お」「お」「さ」「か」から音声を生成する処理は音声合成である．信号から記号への自動変換は，音声・画像を問わず非常に難しい処理で，例えば図 1.4 の画像から，「大きな木の下のベンチに 3 人座っていて，鳩にえさをやっている」のような意味的な表現を自動的に得るのは容易ではない．この記号と信号との間に立ちはだかる壁を図 1.9 のように**セマンティックギャップ**（semantic gap）

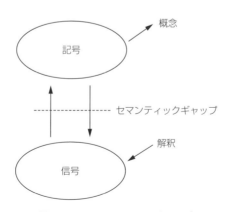

図 **1.9**　セマンティックギャップ

と呼ぶ. 人工知能 (Artificial Intelligence：AI) の分野では，記号をどのよう
に実世界の意味に対応付けるかの問題を記号接地/シンボルグラウンディング
(symbol grounding) 問題と呼んでいる.

1·4 信号処理とシステム

　信号処理とは，信号に何らかの処理を加えることで，例えば雑音除去，平滑化
を施したりすることである. これをシステムとして捉えると，図 1.10 のように
入力信号にシステムで処理を加え，出力信号に変換することとなる. 信号処理
システムにおいて，特に連続時間信号，離散時間信号を処理するシステムを**連
続時間システム**，**離散時間システム**と呼ぶ. システムの入出力関係に従い，線
形性 (linearity) など種々の性質を考察できる.

図 **1.10** 信号処理システム

　さらに信号と記号をそれぞれ入出力の表現としたとき，それぞれの処理の呼
び方を図 1.11 にまとめる. 狭義には，信号–信号変換が信号処理であるが，広
義には信号–記号の相互変換までを信号処理と考える場合がある. ちなみに，記
号–記号変換，例えば MPEG データを他の形式の映像データに変換すること
を**トランスコーディング** (transcoding) と呼ぶ.

入力＼出力	信号	記号
信号	処理	解析・認識
記号	合成	トランスコーディング

図 **1.11** 信号と記号の変換

　以後，本書では，信号とシステム，ディジタル信号処理などについて説明していく．前者については，文献[1-5]，後者については文献[6-11] などの優れた専門書・教科書がある．加えて画像処理・パターン認識に関しては文献[12-14]がある．本書は，これらを参考にして記述している．

演習問題

(1) 図 1.11 の
- (i) 処理
- (ii) 解析・認識
- (iii) 合成
- (iv) トランスコーディング

について，具体例を挙げよ．

第2章 信号の表現と演算

　本章では，連続時間信号と離散時間信号について信号処理で基本となる信号を述べる．さらに信号に対する種々の演算を説明する．特に，畳込み演算は後述する信号処理において重要な役割を果たすことに注意されたい．なお，本章以降，連続時間信号と離散時間信号を $x(t)$ $(t \in \mathbb{R}$（実数集合）)，$x[n]$ $(n \in \mathbb{Z}$（整数集合）) と書く．また，虚数単位は j $(j^2 = -1)$ で表す．

2·1　諸定義

　信号に関する諸定義を次に示す．

定義 2.1（実信号と複素信号）　連続時間信号 $x(t)$ と離散時間信号 $x[n]$ の信号値が実数のとき，その信号を実数値信号あるいは単に実信号 (real signal) という．同様に信号値が複素数のとき複素数値信号あるいは単に複素信号 (complex signal) という．　■

定義 2.2（周期信号）

$$\forall t \quad x(t) = x(t + T) \tag{2.1}$$

を満たす正の定数 T が存在するとき，連続時間信号 $x(t)$ は周期 T の周期信号 (periodic signal) という．一方

$$\forall n \quad x[n] = x[n + N] \tag{2.2}$$

を満たす正の整数 N が存在するとき，離散時間信号 $x[n]$ は周期 N の周期信号という．　■

　周期関数に対して，T, N の整数倍についても周期的になるが，最小の T, N を基本周期 T_0, N_0 (fundamental period) と呼ぶ．

定義 2.3（奇信号と偶信号）　$x(t) = -x(-t), x[n] = -x[-n]$ であるとき，信号 $x(t), x[n]$ を奇信号 (odd signal) という．一方，$x(t) = x(-t), x[n] =$

$x[-n]$ であるとき，信号 $x(t), x[n]$ を偶信号 (even signal) という．　■

関数的には，奇信号，偶信号はそれぞれ奇関数，偶関数に相当する．奇関数は原点に対称であり，偶関数は $t = 0$ の軸（y 軸）に対称である．

奇信号，偶信号に関して以下の重要な性質がある．

1) 任意の連続時間信号 $x(t)$ は奇信号部分 $x_o(t)$ と偶信号部分 $x_e(t)$ の和，すなわち

$$x(t) = x_o(t) + x_e(t) \tag{2.3}$$

で表せる．ただし

$$x_o(t) = \frac{1}{2}\{x(t) - x(-t)\}, \qquad x_e(t) = \frac{1}{2}\{x(t) + x(-t)\}$$

同様に離散時間信号 $x[n]$ は奇信号部分 $x_o[n]$ と偶信号部分 $x_e[n]$ の和，すなわち

$$x[n] = x_o[n] + x_e[n] \tag{2.4}$$

で表せる．ただし

$$x_o[n] = \frac{1}{2}\{x[n] - x[-n]\}, \qquad x_e[n] = \frac{1}{2}\{x[n] + x[-n]\}$$

2) $x(t)$ が奇信号なら $\displaystyle\int_{-\infty}^{\infty} x(t)dt = 0.$

$x[n]$ が奇信号なら $\displaystyle\sum_{n=-\infty}^{\infty} x[n] = 0.$

3) $x(t)$ が偶信号なら $\displaystyle\int_{-\infty}^{\infty} x(t)dt = 2\int_{0}^{\infty} x(t)dt.$

$x[n]$ が偶信号なら $\displaystyle\sum_{n=-\infty}^{\infty} x[n] = x[0] + 2\sum_{n=1}^{\infty} x[n].$

4) 2 つの奇信号の積，あるいは 2 つの偶信号の積は偶信号になる．また，奇信号と偶信号の積は奇信号になる．

5)

$$\int_{-\infty}^{\infty} x^2(t)dt = \int_{-\infty}^{\infty} x_e^2(t)dt + \int_{-\infty}^{\infty} x_o^2(t)dt$$

$$\sum_{n=-\infty}^{\infty} x^2[n] = \sum_{n=-\infty}^{\infty} x_e^2[n] + \sum_{n=-\infty}^{\infty} x_o^2[n]$$

問 2.1　上述の各性質を導け.

2·2　信号の基本演算

2.2.1　加算と乗算

2つの信号の加算と乗算は同時刻の値(瞬時値)の和・積で表される.

$$Z(t) = x(t) + y(t) \qquad Z(t) = x(t)y(t)$$
$$Z[n] = x[n] + y[n] \qquad Z[n] = x[n]y[n]$$

2.2.2　時間反転とシフト

連続時間信号 $x(t)$ の時間反転 (time reversal) は,$x(-t)$ で表される信号となる.また,信号 $x(t)$ を T $(T > 0)$ 時間シフト (time shift) すると,$x(t-T)$ で表される信号となる.この信号は T 遅延させた信号ともみなすことができる.信号 $x(t-T)$ を時間反転させた信号,つまり $t = 0$ に対称な信号は,$x(-t-T)$ である.なお,離散時間信号でも同様の議論が成り立つ.時間反転,時間シフト・反転の様子を図 2.1,図 2.2 に示す.

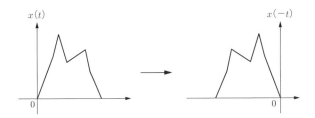

図 **2.1**　時間反転

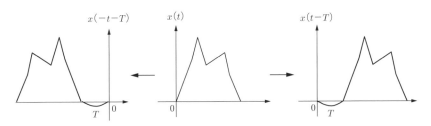

図 **2.2**　時間シフト・反転

2.2.3 時間伸縮（スケール変換）

信号 $x(t)$ の原点からの時間スケール (time scale) を c 倍に変換した信号は $x(ct)$ で表される．ここで，$c < 0$ ならば時間反転を伴い，$|c| > 1$ ならば信号は縮小され，$|c| < 1$ ならば信号は拡大される．なお，離散時間のときの時間圧縮は $x[cn]$（c は正の整数）となり，周期 c ごとにサンプルしたものとなる．この操作を特にデシメーション (decimation) と呼ぶ．

問 2.2 図は連続時間信号 $x(t)$ を図示したものである．次の (a)〜(d) について連続時間信号の引数を変更して得られる信号の波形を図示せよ．

(a) $x(-t)$　(b) $x(t+1)$　(c) $x(2t)$　(d) $x(-3t+1)$

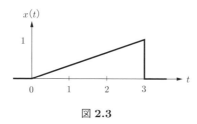

図 2.3

問 2.3 図は離散時間信号 $x[n]$ を図示したものである．次の (a)〜(c) について離散時間信号の引数を変更して得られる信号の波形を図示せよ．

(a) $x[n-2]$　(b) $x[3-n]$　(c) $x[2n]$

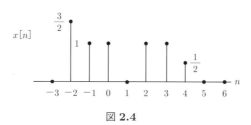

図 2.4

2·3 連続時間信号の基本信号

2.3.1 正弦波信号

正弦波信号 (sinusoid) は図 2.5 のように

$$x(t) = A\cos(\omega t + \theta) \quad (A, \omega, \theta \text{ は実数}, (A > 0)) \tag{2.5}$$

で表される信号で，A は振幅 (amplitude)，ω は角周波数 (angular frequency)〔rad/s〕，θ は位相 (phase)〔rad〕である．また，$\omega = 2\pi f$ で定義される f を周波数 (frequency)〔Hz〕といい，周期 T〔s〕は $T \triangleq \dfrac{1}{|f|} = \dfrac{2\pi}{|\omega|}$ で与えられる．

　ここで正弦波信号の周期性を考えよう．正弦波信号は単位時間当たり $|f|$ 回繰り返す周期信号である．定義 2.2 より周期信号は $x(t) = x(t+T)$ を満たす．$x(t) = A\cos(\omega t + \theta)$ に対して，$t \to t+T$（T だけ時間の原点をずらす）とすると

$$x(t+T) = A\cos(\omega t + \omega T + \theta)$$

となる．いま，$\omega T = 2\pi m$（m は整数）とすると，$x(t)$ と同値になる．よって，$T = \dfrac{2\pi m}{\omega}$ となり，基本周期 T_0 は $m = 1$ として $2\pi/\omega$ である．

　また，特別な場合の正弦波信号として，以下の 2 つがある．

□　コサイン信号：$x(t) = A\cos(\omega t)$．式 (2.5) において $\theta = 0$ の場合であり，偶信号である．

□　サイン信号：$x(t) = A\cos\left(\omega t - \dfrac{\pi}{2}\right) = A\sin\omega t = A\cos\left(\omega\left(t - \dfrac{T}{4}\right)\right)$.

　式 (2.5) において $\theta = -\pi/2$ の場合であり，奇信号である．コサイン信号を 1/4 周期，$T/4$ 時間シフトしたものになる．

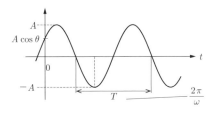

図 2.5　正弦波信号

2.3.2　指数関数信号

　実信号と複素信号それぞれの場合の指数関数信号 (exponential) について述べる．

(1) 実指数信号

$$x(t) = Ce^{at} \qquad (C, a \text{ は実数}) \tag{2.6}$$

$C > 0$ の場合の本信号の概形を図 2.6 に示す．同図左は $a > 0$ で右は $a < 0$ である．

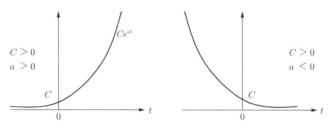

図 2.6　実指数信号

（2）複素指数信号

$$x(t) = Ce^{at} \qquad (C, a は複素数) \tag{2.7}$$

ここで，C, a を $C \triangleq |C|e^{j\theta}$，$a \triangleq \gamma + j\omega$ のように極座標形式と直交座標形式で表し，(2.7) に代入し，オイラーの公式 $e^{j\theta} = \cos\theta + j\sin\theta$ を用いて展開する．

$$x(t) = |C|e^{j\theta}e^{(\gamma+j\omega)t} = |C|e^{\gamma t}e^{j(\omega t+\theta)}$$
$$= |C|e^{\gamma t}\{\cos(\omega t+\theta) + j\sin(\omega t+\theta)\}$$

次に，複素信号 $x(t)$ の実部 $\mathrm{Re}\{\cdot\}$ と虚部 $\mathrm{Im}\{\cdot\}$ をとると

$$\mathrm{Re}\{x(t)\} = |C|e^{\gamma t}\cos(\omega t+\theta) \tag{2.8}$$
$$\mathrm{Im}\{x(t)\} = |C|e^{\gamma t}\sin(\omega t+\theta) \tag{2.9}$$

になる．上式から明らかなように実指数信号を乗じた正弦波信号の形をしており，図 2.7 のような概形を示す．これらはダンプド (damped) 正弦波と呼ばれ，時間的に増大したり，減少したりする正弦波を表す．

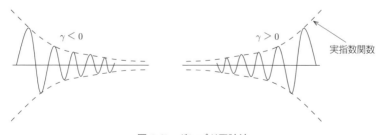

図 2.7　ダンプド正弦波

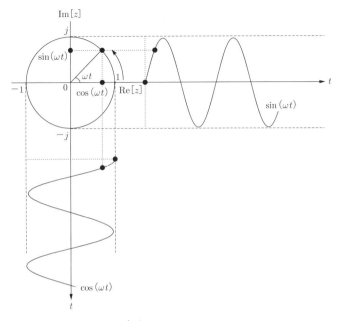

図 **2.8** 複素指数関数 $e^{j\omega t}$ と三角関数 $\sin(\omega t)$, $\cos(\omega t)$ の関係

式 (2.8) で $\gamma = 0$ とすると式 (2.5) の正弦波信号となり，複素指数信号と正弦波信号が密接な関係にあることがわかる．また図 2.8 に複素指数関数 $e^{j\omega t}$ と三角関数 $\sin(\omega t)$, $\cos(\omega t)$ の関係を図示する．t の増加とともに対応点は単位円上を回転し（等速円運動），実軸および虚軸への投影が三角関数を表す．

2.3.3 単位ステップ信号

信号処理で重要な信号として単位ステップ (unit step) 信号

$$u(t) = \begin{cases} 1 & (t \geq 0) \\ 0 & (t < 0) \end{cases} \tag{2.10}$$

がある．単位ステップ信号は図 2.9 のように $t = 0$ で不連続な信号である．ここでは，$t = 0$ での値を 1 としているが，0 でも 0.5 でも任意の定数でもかまわない．

単位ステップ信号は図 2.10 に示す $u_\Delta(t)$ の Δ を 0 に近づけたときの信号，すなわち

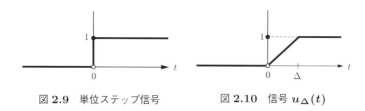

図 **2.9** 単位ステップ信号　　　図 **2.10** 信号 $u_\Delta(t)$

$$u(t) = \lim_{\Delta \to 0} u_\Delta(t)$$

で定義される.

2.3.4 単位インパルス信号

単位ステップ信号と同様に信号処理で重要な役割を果たす信号が単位インパルス (unit impulse) 信号である. 数学的に, 単位インパルス信号は**ディラック (Dirac) のデルタ関数**と同等である. 単位インパルス信号は次式で表される.

$$\delta(t) = \begin{cases} \infty & (t = 0) \\ 0 & (t \neq 0) \end{cases} \tag{2.11}$$

単位インパルス信号は, 図 2.11 のような面積が 1 の三角形や矩形を表す $\delta_\Delta(t)$ の Δ を 0 に近づけたときの関数である. すなわち

$$\delta(t) = \lim_{\Delta \to 0} \delta_\Delta(t)$$

したがって, デルタ関数の面積も 1 と定められている. 単位インパルス信号を図 2.12 に示す.

デルタ関数の性質を以下にまとめる.

1) $\displaystyle \int_{-\infty}^{\infty} \delta(t)dt = 1$

2) $\displaystyle \int_{-\infty}^{\infty} x(t)\delta(t - t_0)dt = x(t_0)$: $t = t_0$ での $x(t_0)$ を得る

3) $\displaystyle \int_{-\infty}^{\infty} x(t)\delta(t)dt = x(0)$: $t = 0$ での $x(0)$ を得る

4) $\delta(-t) = \delta(t)$: 偶信号

5) 任意の連続時間信号 $x(t)$ は単位インパルス信号を用いて以下のように表される.

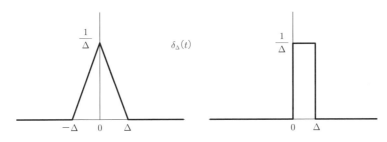

図 **2.11**　デルタ関数の近似

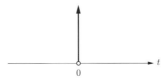

図 **2.12**　単位インパルス信号

$$x(t) = \int_{-\infty}^{\infty} x(\tau)\delta(t - \tau)d\tau$$

また，単位ステップ信号とも微積分演算を通して密接な関係にある．つまり，単位ステップ信号を時間微分すると単位インパルス信号になる．

$$\delta(t) = \frac{du(t)}{dt} \tag{2.12}$$

逆に，単位インパルス信号の**ランニング積分** (running integral) が単位ステップ信号になる．

$$u(t) = \int_{-\infty}^{t} \delta(\tau)d\tau \tag{2.13}$$

問 2.4　図 2.10 の信号 $u_\Delta(t)$ を微分して，$\dfrac{du(t)}{dt} = \delta(t)$ を導け.

2·4　離散時間信号の基本信号

2.4.1　正弦波信号

離散時間の正弦波信号は n を整数とし

$$x[n] = A\cos(\Omega n + \phi) \qquad (A, \Omega, \phi \text{ は実数 } (A > 0)) \tag{2.14}$$

で表される．図 2.13 に概形を示す.

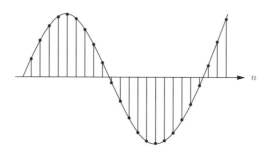

図 **2.13**　離散時間の正弦波信号

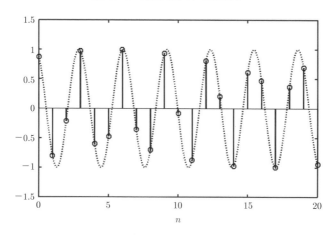

図 **2.14**　周期的でない離散時間信号の例 ($\cos(2n + 0.5)$)

　ここで，離散時間の正弦波信号の周期性について考察する．連続時間の正弦波信号は必ず周期的であったが，**離散時間では必ずしも成り立たない**ことに注意しよう．

　離散時間信号 $x[n]$ の周期性は，任意の n について $x[n] = x[n + N]$ が成り立つことである．いま，$x[n] = A\cos(\Omega n + \phi)$ に対し

$$x[n + N] = A\cos\left(\Omega(n + N) + \phi\right) = A\cos(\Omega n + \Omega N + \phi)$$

では，ΩN が 2π の整数倍ならば，信号は周期性を有することは明らかである．すなわち

$$\Omega N = 2\pi m, \quad N = \frac{2\pi m}{\Omega} \quad (N, m \text{ は整数})$$

しかしながら **Ω の値によっては，N が整数となるとは限らない**ため，周期

的でない離散時間正弦波信号が存在することになる．図 2.14 に周期的でない離散時間信号の例を示す．

　上述の周期性以外に，正弦波信号に関し，連続時間と離散時間で異なる性質として**信号波形の同一性**がある．まず，2 つの連続時間信号

$$x_1(t) = A\cos(\omega_1 t + \theta), \qquad x_2(t) = A\cos(\omega_2 t + \theta)$$

に対し，角周波数が異なるとき，すなわち，$\omega_1 \neq \omega_2$ であるとき，$x_1(t) \neq x_2(t)$ となり波形は一致しない．

　次に，2 つの離散時間信号

$$x_1[n] = A\cos(\Omega_1 n + \phi), \qquad x_2[n] = A\cos(\Omega_2 n + \phi)$$

に対し，$\Omega_2 = \Omega_1 + 2\pi m$ (m は整数) であるとき

$$x_1[n] = x_2[n]$$

Ω_1 と Ω_2 が 2π の整数倍離れていると n は整数なので（$2\pi m \times n$）は 2π の整数倍となり同一波形となる．図 2.15 に角周波数は異なるが同一波形となる信号の例を示す．

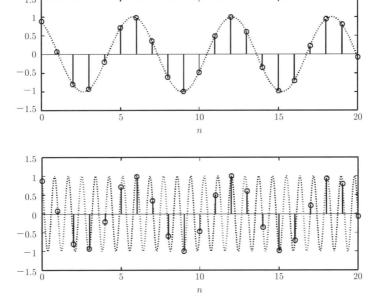

図 **2.15**　角周波数は異なるが同一波形となる信号の例（上段は $\cos(n + 0.5)$，下段は $\cos((1 + 2\pi)n + 0.5)$）

∭ **2.4.2 指数関数信号**

実信号と複素信号の場合について述べる.

（1）実指数信号

離散時間の実指数信号は n を整数として次式で与えられる.

$$x[n] = Ce^{an} \qquad (C, a \text{ は実数}) \tag{2.15}$$

$e^a \triangleq \alpha$ とすると

$$x[n] = C\alpha^n \tag{2.16}$$

となり，図 2.16 に α が 1 より大きい場合と小さい場合の概形を示す．参考までに，α が e^a とは独立な負の定数として与えられる場合，$x[n]$ は級数関数となり，n が偶数，奇数の場合，α^n は正，負となり，図 2.17 のようになる.

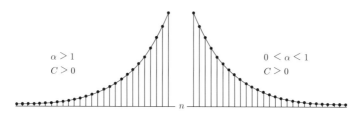

図 2.16 離散時間の実指数信号

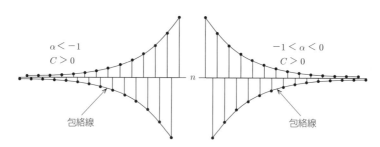

図 2.17 離散時間の実級数関数信号

（2）複素指数信号

離散時間の複素指数信号は n を整数として

$$x[n] = Ce^{an} \qquad (C, a \text{ は複素数}) \tag{2.17}$$

で与えられる．ここで，$e^a \triangleq \alpha$, $C \triangleq |C|e^{j\phi}$, $\alpha \triangleq |\alpha|e^{j\Omega}$ とすると

$$
\begin{aligned}
x[n] &= |C|e^{j\phi}(|\alpha|e^{j\Omega})^n = |C||\alpha|^n e^{j(\Omega n + \phi)} \\
&= |C||\alpha|^n \cos(\Omega n + \phi) + j|C||\alpha|^n \sin(\Omega n + \phi)
\end{aligned}
$$

$|\alpha| = 1$ のとき $x[n]$ の実部と虚部の関数は正弦波信号となる．図 2.18 に離散時間の複素指数信号を示す．

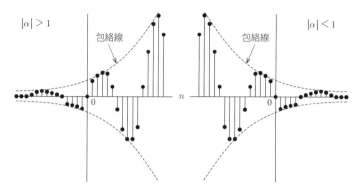

図 **2.18**　離散時間の複素指数信号

2.4.3　単位ステップ信号

　離散時間の単位ステップ信号は以下で定義される．図 2.19 に単位ステップ信号を示す．

$$u[n] = \begin{cases} 1 & (n \geq 0) \\ 0 & (n < 0) \end{cases} \tag{2.18}$$

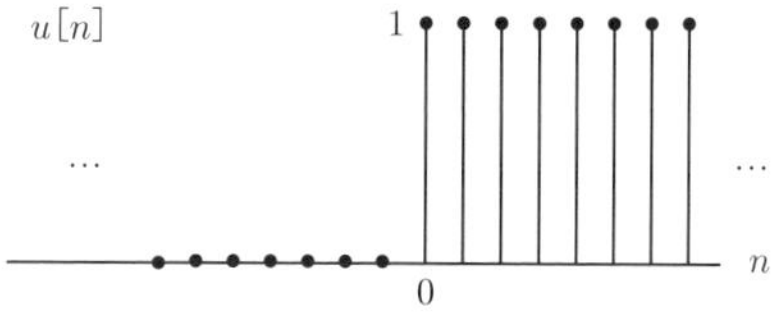

図 **2.19**　離散時間の単位ステップ信号

2.4.4　単位インパルス信号

　離散時間の単位インパルス信号は**クロネッカー (Kronecker) のデルタ**と等価で，次式で表される．図 2.20 に単位インパルス信号を示す．

$$\delta[n] = \begin{cases} 1 & (n = 0) \\ 0 & (n \neq 0) \end{cases} \tag{2.19}$$

　離散時間単位インパルス信号の性質を以下にまとめる．

1)　$x[n]\delta[n - n_0] = x[n_0]\delta[n - n_0]$

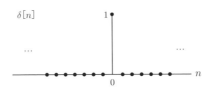

図 **2.20** 離散時間の単位インパルス信号

2)　$x[n]\delta[n] = x[0]\delta[n]$

3)　$\delta[-n] = \delta[n]$：偶信号

4)　任意の離散時間信号 $x[n]$ は単位インパルス信号を用いて以下のように表される.

$$x[n] = \sum_{k=-\infty}^{\infty} x[k]\delta[n-k] \tag{2.20}$$

連続時間信号と同様に，離散時間信号でも単位インパルス信号 $\delta[n]$ と単位ステップ信号は以下のような密接な関係にある.

$$\delta[n] = u[n] - u[n-1] \tag{2.21}$$

$$u[n] = \sum_{m=-\infty}^{n} \delta[m] \tag{2.22}$$

あるいは

$$u[n] = \delta[n] + \delta[n-1] + \delta[n-2] + \cdots$$
$$= \sum_{k=0}^{\infty} \delta[n-k] \tag{2.23}$$

式 (2.21) は単位インパルス信号が単位ステップ信号の**一次差分**で表されることを示し，連続時間における微分に対応する．式 (2.22) は単位ステップ信号が単位インパルス信号の**ランニング和** (running sum) で表されることを示す.

問 2.5　式 (2.21)〜式 (2.23) を確かめよ.

任意の離散時間信号は単位ステップ信号あるいは単位インパルス信号の組合せで表現可能であることを確かめよう.

$x[n] = \sum_{k=-\infty}^{\infty} a_k \delta[n-k]$, $x[n] = \sum_{k=-\infty}^{\infty} b_k u[n-k]$ における a_k, b_k を決め

ればよい．単位インパルス信号で表現する際には，式 (2.20) より $a_k = x[k]$ である．

問 2.6 図 2.21 の信号 $x[n]$ を単位インパルス信号で表せ．また，同じ信号を単位ステップ信号で表せ．

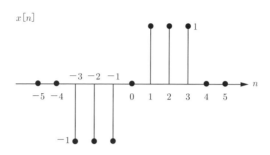

図 **2.21** 単位インパルス・単位ステップ信号で表す信号

2·5 畳込み

　信号処理において最も重要な演算の1つに畳込み[†] (convolution) がある．畳込みは工学的にも多くの活躍場所があり，線形性と時不変性をもつ信号処理システム（線形時不変システムと呼ぶ）では，インパルス応答と入力信号の畳込みで出力信号が規定できる．さらに，音波のエコー，飛行時間 (time of flight) による測距，地震波による震源推定，光学系レンズのぼけ，などに畳込みが利用される．

　それでは，連続時間信号と離散時間信号それぞれの畳込みの定義を示そう．

定義 2.4（連続時間信号の畳込み）　2つの連続時間信号 $x(t)$ と $y(t)$ の畳込み $x(t) * y(t)$ は

$$x(t) * y(t) \triangleq \int_{-\infty}^{\infty} x(t - \tau)y(\tau)d\tau \tag{2.24}$$

である．これを特に**畳込み積分** (convolution integral) と呼ぶ．

定義 2.5（離散時間信号の畳込み）　2つの離散時間信号 $x[n]$ と $y[n]$ の畳込み $x[n] * y[n]$ は

[†]　合成積，重畳積ともいう．

$$x[n] * y[n] \triangleq \sum_{k=-\infty}^{\infty} x[n-k]y[k] \tag{2.25}$$

である．これを特に**畳込み和** (convolution sum) と呼ぶ．　　　　　■

定義式からわかるように，信号 x を時間反転し，正の時間軸方向にシフトさせ，信号 y と掛け合わせて積分あるいは総和をとることによって畳込み演算は実行される．

畳込み演算の重要な規則は以下の通りである．

1)　$x * y = y * x$　　　　　　　　　：可換則
2)　$x * (y + z) = x * y + x * z$：分配則
3)　$x * (y * z) = (x * y) * z$　：結合則
4)　$\delta * x = x * \delta = x$　　　　　　：単位元 δ の存在

(問) **2.7**　上記の規則を証明せよ．

1) について連続時間信号の場合を考える．

$$y * x = \int_{-\infty}^{\infty} y(t - \tau)x(\tau)d\tau$$

$(t - \tau = w$ とすると，$-d\tau = dw$ なので$)$

$$= \int_{\infty}^{-\infty} y(w)x(t - w) - dw$$

$$= \int_{-\infty}^{\infty} x(t - w)y(w)dw$$

$$= x * y$$

4) についても連続時間信号を考える．まず，単位インパルス信号は信号 $x(\tau)$ の $\tau = t$ の信号値を取り出す作用をするため（2.3.4 項参照）

$$x(t) = \int_{-\infty}^{\infty} \delta(\tau - t)x(\tau)d\tau$$

となる．ここで，デルタ関数は偶関数であるため，

$$x(t) = \int_{-\infty}^{\infty} \delta(t - \tau)x(\tau)d\tau$$

$$= \delta * x$$

$$= x * \delta \qquad （可換則より）$$

(問) **2.8**

$$x(t) = \begin{cases} t & (0 \leq t \leq 1) \\ 0 & \text{それ以外} \end{cases} \qquad y(t) = \begin{cases} 1 & (-1 \leq t \leq 0) \\ 0 & \text{それ以外} \end{cases}$$

の畳込みを求めよ.

(問) **2.9** $x(t)$ を t_1 シフトした信号 $x(t - t_1)$ と $y(t)$ を t_2 シフトした信号 $y(t - t_2)$ の畳込み $x(t - t_1) * y(t - t_2)$ を求めよ.

先に述べた通り,実世界において畳込みでモデル化される事象は多い.以下に例を挙げる.

1) 音響エコー:エコー信号 = 入力音響信号 * エコーの生じる環境のインパルス応答

2) 地震計で観測される地震波:観測地震波 = 震源での振動波形 * 伝搬途上の振動波形 * 観測地震計の特性

3) 光学レンズ系のぼけ:ぼけを含む出力画像 = 入力画像 * 点広がり関数 (point spread function) と呼ばれる光学レンズ系のインパルス応答

2·6 相関

2つの信号の相関 (correlation) を連続時間信号と離散時間信号について定義する.

定義 2.6 (連続時間信号の相関) 2つの連続時間信号 $x(t)$ と $y(t)$ の相関 $x(t) \circ y(t)$ は

$$x(t) \circ y(t) \triangleq \int_{-\infty}^{\infty} x(\tau - t) y(\tau) d\tau \tag{2.26}$$

である.

定義 2.7 (離散時間信号の相関) 2つの離散時間信号 $x[n]$ と $y[n]$ の相関 $x[n] \circ y[n]$ は

$$x[n] \circ y[n] \triangleq \sum_{k=-\infty}^{\infty} x[k - n] y[k] \tag{2.27}$$

である. ■

　畳込みとの違いは信号 x を時間反転させずに y と掛け合わす点である．x と y が同じ信号（関数）であるとき**自己相関関数** (auto-correlation) と呼び，x と y が違う信号（関数）であるとき**相互相関関数** (cross-correlation) と呼ぶ．

問 2.10　問 2.8 の信号の相関を求めよ．

問 2.11　相関について，可換則，分配則，結合則が成り立つか調べよ．

2·7　内積

　2 つの信号の類似度を測る指標として内積 (inner product) がある．信号 x, y の内積 $\langle x, y \rangle$ とは以下の性質を満たす演算である．ただし，x, y, c は複素数とする．

1) $\langle x + y, z \rangle = \langle x, z \rangle + \langle y, z \rangle$
2) $\langle cx, y \rangle = c\langle x, y \rangle$ 　　（c は定数）
3) $\langle x, y \rangle = \overline{\langle y, x \rangle}$ 　　（$\overline{x}, \overline{y}$ は x, y の複素共役）
4) $\langle x, x \rangle \geq 0$
5) $\langle x, x \rangle = 0 \ \Leftrightarrow \ x = 0$

ここでは有限エネルギー信号の内積を述べる．

定義 2.8（有限エネルギー信号）　連続時間信号 $x(t)$，離散時間信号 $x[n]$ の**エネルギー E** が有限であるとき，すなわち

$$E = \int_{-\infty}^{\infty} |x(t)|^2 dt < \infty \tag{2.28}$$

$$E = \sum_{n=-\infty}^{\infty} |x[n]|^2 < \infty \tag{2.29}$$

を満たすとき，有限エネルギー信号という．　　　　　　　　　　　■

定義 2.9（内積）　2 つの有限エネルギー信号を x と y とし，その内積 $\langle x, y \rangle$ は，$\overline{y}$ を y の複素共役とするとき，連続時間信号に対して

$$\langle x, y \rangle \triangleq \int_{-\infty}^{\infty} x(t)\overline{y}(t) dt \tag{2.30}$$

離散時間信号に対して

$$\langle x, y \rangle \triangleq \sum_{n=-\infty}^{\infty} x[n]\bar{y}[n] \tag{2.31}$$

と定義する.

内積は信号間の相関の強さを示す指標として解釈
できる. ここでは, 離散時間の実信号, $x = \{x[1],$
$x[2],\ldots\}$ および $y = \{y[1], y[2],\ldots\}$ を対象に考え
よう. 実信号 x, y は図 2.22 のようにベクトルで表
せる.

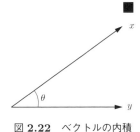

図 2.22 ベクトルの内積

ベクトルの内積は, $\|x\|, \|y\|$ を x, y のノルム
(norm) とし, θ を 2 つのベクトルのなす角とするとき

$$\langle x, y \rangle = \|x\|\,\|y\|\cos\theta$$

で定義される. ただし

$$\|x\| \triangleq \left(\sum x[k]^2\right)^{\frac{1}{2}} = \langle x, x \rangle^{\frac{1}{2}}, \ \|y\| \triangleq \left(\sum y[k]^2\right)^{\frac{1}{2}} = \langle y, y \rangle^{\frac{1}{2}}$$

ここで

$$S = \frac{\langle x, y \rangle}{\|x\|\,\|y\|} = \cos\theta$$

を考えると, シュワルツの不等式 (Schwarz's inequality)

$$|\langle x, y \rangle| \le \|x\|\,\|y\|$$

より

$$-1 \le S \le 1$$

となり, S は信号間の類似度(方向余弦ともいう)を表す. つまり, $S = 0$ の
ときは x と y が直交(θ が $90°$)し, $S = 1$ のときは x と y が一致(θ が $0°$)
する.

演習問題

(1) 次の信号が周期的かどうかを調べ，周期的である場合は基本周期を求めよ．

   (i) $\cos\left(\dfrac{\pi}{4}t\right) + \sin\left(\dfrac{\pi}{3}t\right)$

   (ii) $\cos t + \sin(\sqrt{2}t)$

   (iii) $\cos^2\left(\dfrac{\pi}{8}n\right)$

   (iv) $e^{j\left(\frac{\pi}{2}\right)n}$

   (v) $\cos\left(\dfrac{1}{6}n\right)$

(2) 離散時間信号 $x[n]$ が周期 N の周期信号であるとき

$$\sum_{k=n_0}^{n} x[k] = \sum_{k=n_0+N}^{n+N} x[k]$$

であることを示せ．

(3) 図 2.23 の信号 (a)〜(d) を偶信号部分と奇信号部分に分解し，図示せよ．

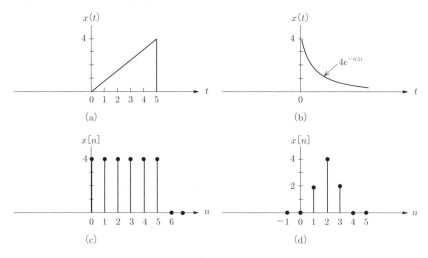

図 **2.23**

(4) 離散時間信号 $x_1[n]$ と $x_2[n]$ をそれぞれ基本周期 N_1 と N_2 の周期信号とする．これら 2 つの信号の和

$$x[n] = x_1[n] + x_2[n]$$

が周期信号となるための条件を求め，またそのときの基本周期を求めよ．

(5) 図 2.24 に示す離散時間信号 $x[n]$ に対し，(a) $x[n-2]$　(b) $x[2n]$　(c) $x[-n]$
(d) $x[-n+2]$ で表現される信号を図示せよ．

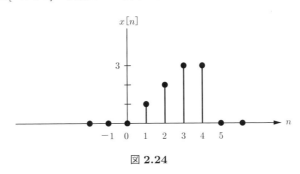

図 **2.24**

(6) 連続時間の複素指数信号 $x(t) = e^{j\omega_0 t}$ が周期的であることを示し，その基本周期が $\dfrac{2\pi}{\omega_0}$ であることを示せ．

(7) 離散時間複素指数信号
$$x[n] = e^{j\Omega_0 n}$$
が周期信号となる条件を求めよ．

(8) 連続時間信号
$$x(t) = e^{j\omega_0 t} \quad (\omega_0 \text{ は基本角周波数，} T_0 = \tfrac{2\pi}{\omega_0} \text{ は基本周期})$$
を均一の時間間隔 T_s でサンプリングして得られる離散時間信号
$$x[n] = x(nT_s) = e^{j\omega_0 nT_s} \quad (n \text{ は整数})$$
が周期的となる条件を求めよ．

(9) 離散時間信号 $z[n]$ の差分演算を $D(z[n]) = z[n] - z[n-1]$ と定義するとき
$$D(x[n] * y[n]) = D(x[n]) * y[n] = x[n] * D(y[n])$$
となることを示せ．

(10) $h(t)$ を図 2.25 に示す三角パルスとし，$x(t)$ を
$$x(t) = \delta_T(t) = \sum_{n=-\infty}^{\infty} \delta(t - nT)$$

で示される単位インパルス列とする．T が (a) $T = 3$，(b) $T = 2$，(c) $T = 1.5$
であるとき，$y(t) = h(t) * x(t)$ を求め，図示せよ．

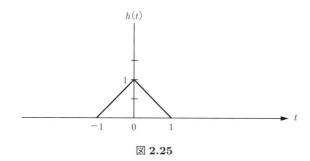

図 **2.25**

第3章　信号処理システム

　本章では，信号処理システム（単にシステムと呼ぶ）について述べる．システム (system) とは，入力信号を出力信号に変換するという物理的プロセスの数学モデルである．システムは図 3.1 のように表され，入出力関係は x を入力信号，y を出力信号とするとき，

$$y = L[x]$$

で表す．

図 3.1　システム

3-1　システムの分類

　以下では，システムの種々の観点からの分類を示す．

定義 3.1（連続時間システムと離散時間システム）　システムの入出力信号が，連続時間信号，離散時間信号であるとき，連続時間システム (continuous time system)，離散時間システム (discrete time system) という．また，連続時間システム，離散時間システムの入出力関係は，$y(t) = L[x(t)]$，$y[n] = L[x[n]]$ で表す．　■

定義 3.2（記憶性）　ある与えられた時刻 t_0, n_0 におけるシステムの出力が同じ時刻の入力にのみ依存するとき，システムを無記憶型 (memoryless) という．そうでないとき，記憶型という．　■

例 3.1（記憶性）

□　二乗器 $y(t) = x^2(t)$, $y[n] = x^2[n]$ は無記憶型．

□ 遅延器 $y[n] = x[n-1]$ は記憶型.

□ 積分器(ランニング積分)$y(t) = \displaystyle\int_{-\infty}^{t} x(\tau)d\tau$ は記憶型.

定義 3.3(可逆性) 出力に対して入力が一意に定まるとき,そのシステムを可逆 (invertible) という. ■

例 3.2(可逆性)

□ 二乗器は非可逆.

□ 積分器(ランニング積分)$y(t) = \displaystyle\int_{-\infty}^{t} x(\tau)d\tau$ は可逆.

問 3.1 微分器 $y(t) = \dfrac{dx(t)}{dt}$ は可逆か?

　ここで,可逆性と関連のある恒等システム (identity system) について述べる.恒等システムは $y = L[x] = x$ を満たすシステムと定義され,図 3.2 のようにシステムを接続し,入力 x_1 と最終の出力 y_2 が一致するシステムは恒等システムとなる.同図でシステム 2 はシステム 1 の逆システムとなる.例えば,システム 1 を積分器とし,システム 2 を微分器とすると,システム全体は恒等システムとなる.

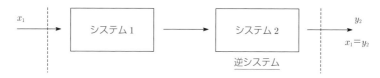

図 3.2 恒等システム

定義 3.4(因果性) ある時刻における出力は,その時刻またはその時刻以前の入力によってのみ決定されるとき,そのシステムを因果的 (causal) という.数式で表すと,$t \leq t_0$ において,2 つの入力信号 $x_1(t)$, $x_2(t)$ に対し $x_1(t) = x_2(t)$ であるとき $L[x_1(t)] = L[x_2(t)]$ ならば,システムは因果的である(連続時間システムの場合). ■

　因果的なシステムでは,時刻 t_0 での出力 $y(t_0)$ が過去の入力 $x(t)$ ($t \leq t_0$) のみに依存し,未来の入力に依存しない.現在の出力を決めるために未来の入力が必要ならば,非因果的である.したがって,実時間信号処理システムは因

果的でなくてはならない．また，前述の無記憶なシステムは必ず因果的である．

次の例はいずれも 2 点の平均計算を行う処理であるが，因果性は異なる．

例 3.3 （因果性）

□ $y[n] = \dfrac{1}{2}(x[n] + x[n+1])$ は非因果的．

□ $y[n] = \dfrac{1}{2}(x[n-1] + x[n])$ は因果的．

次にシステムの安定性 (stability) を述べるが，その準備として信号の有界さを定義する．

定義 3.5 （信号の有界さ） 時間に依存しない定数 C が存在し

$$|x(t)| \leq C \qquad (|x[n]| \leq C)$$

がすべての t, n で成り立つとき信号 x は有界であるという． ∎

定義 3.6 （安定性） 有界入力信号に対し，出力が常に有界であるとき，システムは有界入力有界出力安定，あるいは BIBO (Bounded Input Bounded Output) 安定であるという． ∎

続いて，信号処理システムにおいてきわめて重要な性質である時不変性 (time-invariance) と線形性 (linearity) を定義する．

定義 3.7 （時不変性） 入力が時間シフトすると出力も同じだけシフトするとき，システムは時不変 (time/shift invariant) であるという．数式で書くと，任意の t_0, n_0 に対し

$$y(t - t_0) = L[x(t - t_0)]$$
$$y[n - n_0] = L[x[n - n_0]]$$

∎

時不変なシステムでは，出力が時間の原点または基準点に依存しない．図 3.3 に時不変システムの入出力の例を示す．

例 3.4 （時不変性）

□ 積分器は時不変である．

$y_1(t)$ を時間シフトした入力 $x_1(t) = x(t - t_0)$ の出力とする．このとき

$$y_1(t) = L[x(t - t_0)] = \int_{-\infty}^{t} x(\tau - t_0) d\tau = \int_{-\infty}^{t - t_0} x(\lambda) d\lambda = y(t - t_0)$$

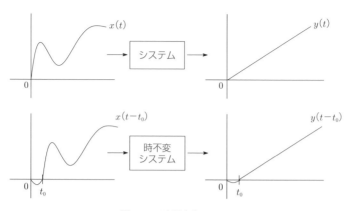

図 3.3 時不変システム

定義 3.8（線形性） 入力の線形結合に対する出力が線形結合で表されるとき，システムは線形 (linear) という．数式で書くと，任意の定数 a, b に対し，任意の信号 x_1, x_2 について

$$L[ax_1 + bx_2] = aL[x_1] + bL[x_2]$$

上の線形性の式は以下の斉次性と加法性を組み合わせたものであることに注意しよう．

斉次性：$L[ax] = aL[x]$

加法性：$L[x_1 + x_2] = L[x_1] + L[x_2]$

例 3.5（線形性）

□ 二乗器は非線形.

□ 積分器は線形.

□ $y[n] = 2x[n]$ は線形.

□ $y[n] = 2x[n] + 3$ は非線形.

問 3.2 総和器（ランニング和：過去の入力値の総和）

$$y[n] = \sum_{k=-\infty}^{n} x[k]$$

の記憶性，因果性，安定性，時不変性，線形性を調べよ．

問 3.3　差分器

$$y[n] = x[n] - x[n-1]$$

の記憶性，因果性，安定性，時不変性，線形性を調べよ．

3·2　システムの接続

2つ以上のシステムの接続方法について代表的なものを挙げる．

3.2.1　縦続接続

図3.4に縦続接続 (cascade connection) を示す．縦続接続は，システム1の出力がシステム2の入力となる．縦続する順番により，最終の出力が異なる場合があり，システム $y = x^2$ とシステム $y = 2x$ は，順番を変えると出力も異なる．しかし，システムの縦続接続する順番に依存しないシステムもあり，各システムが線形時不変である場合は，どのように縦続接続しても出力は変わらない．このことについては，次節で詳しく考察する．

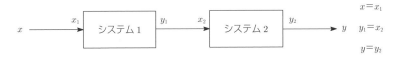

図 3.4　縦続接続

3.2.2　並列接続

並列接続 (parallel connection) とその入出力関係を図3.5に示す．この場合は，どの順で接続しようとも入出力関係は変化しない．

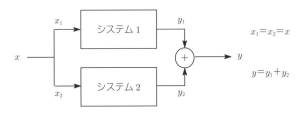

図 3.5　並列接続

📶 3.2.3　フィードバック接続

　フィードバック接続 (feedback connection) とその入出力関係を図 3.6 に示す．この接続は，制御システムとして一般的なものであり，車の制御など実用システムとして広く用いられている．

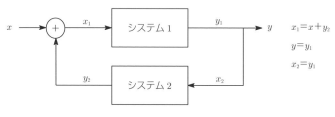

図 3.6　フィードバック接続

3·3　線形時不変システムの応答

　システムの中で最も重要なクラスは，線形時不変システムである．線形時不変システムでは，インパルス応答という特殊な入出力応答についての畳込み演算により，任意の信号が表現できるという数学的性質をもつ．本節では，線形時不変システムの応答について述べる．

定義 3.9（インパルス応答）　単位インパルス信号を線形時不変システムに入力したときの出力をインパルス応答 (impulse response) という．　　　■

　図 3.7 にインパルス応答の概念図を示す．単位インパルス信号 δ は，離散時間システムの場合は，クロネッカーのデルタ，また連続時間システムの場合は，ディラックのデルタ関数を表す．

図 3.7　インパルス応答

　線形時不変システムにおいては，任意の入力 x に対する出力 y はインパルス応答 h と x の畳込みで表される．すなわち

$$y = h * x$$

連続時間信号に関して詳細に記述すると

$$y(t) = \int_{-\infty}^{\infty} h(t-\tau)x(\tau)d\tau = \int_{-\infty}^{\infty} x(t-\tau)h(\tau)d\tau = x(t) * h(t)$$

$$(3.1)$$

一方，離散時間信号については

$$y[n] = \sum_{k=-\infty}^{\infty} h[n-k]x[k] = \sum_{k=-\infty}^{\infty} x[n-k]h[k] = x[n] * h[n] \quad (3.2)$$

問 3.4 $y[n] = L[x[n]]$ を変形して，式 (3.2) を導け.

次にステップ応答を定義する.

定義3.10（ステップ応答） 単位ステップ信号を線形時不変システムに入力したときの出力をステップ応答 (step response) という. ■

図 3.8 はステップ応答の概念図である. これまでの議論から，ステップ応答は，単位ステップ信号 u とインパルス応答 h の畳込みとなる. 具体的に，連続時間信号では

$$s(t) = u(t) * h(t) = \int_{-\infty}^{\infty} u(t-\tau)h(\tau)d\tau = \int_{-\infty}^{t} h(\tau)d\tau \quad (3.3)$$

となり，インパルス応答とステップ応答の関係は以下で表される.

$$h(t) = \frac{ds(t)}{dt} \quad (3.4)$$

一方，離散時間信号については

$$s[n] = u[n] * h[n] = \sum_{k=-\infty}^{\infty} u[n-k]h[k] = \sum_{k=-\infty}^{n} h[k] \quad (3.5)$$

となり，インパルス応答とステップ応答の関係は以下で表される.

$$h[n] = s[n] - s[n-1] \quad (3.6)$$

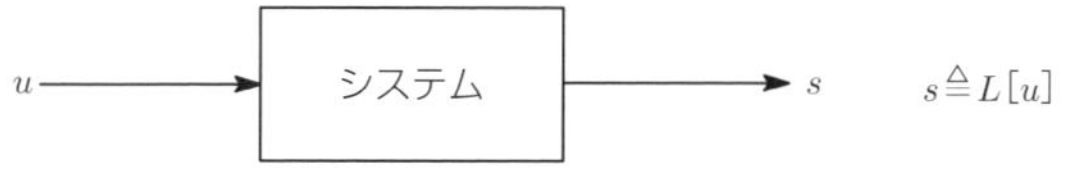

図 **3.8** ステップ応答

問 3.5 $h[n] = L[\delta[n]]$ を変形して，式 (3.6) を導け.

3·4 線形時不変システムの接続

　線形時不変システムでは，入力信号 x とインパルス応答 h の畳込みで，その出力信号が規定できる．線形時不変システムの接続に関して，畳込み演算の性質に基づく種々の興味深い特徴が現れる．

　畳込み演算は，以下の3つの性質をもつ．

□ **交換則** $x * h = h * x$

□ **結合則** $x * (h_1 * h_2) = (x * h_1) * h_2$

□ **分配則** $x * (h_1 + h_2) = x * h_1 + x * h_2$

　まず，縦続接続は図 3.9 のように，畳込みの交換則と結合則から，順番を入れ替えても出力は同じになる．これは線形時不変システムを縦続接続する順番に出力は依存しないという特徴を示す．

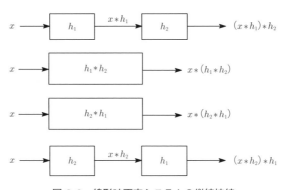

図 **3.9**　線形時不変システムの縦続接続

　次に，並列接続は図 3.10 のように，2つの線形時不変システムのインパルス

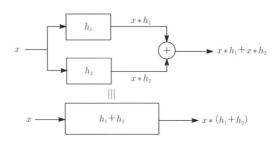

図 **3.10**　線形時不変システムの並列接続

応答の和のシステムで置き換えられる．これは畳込みの分配則に基づく．

3·5　線形時不変システムの性質

　線形時不変システムの性質（記憶性，因果性，安定性など）はインパルス応答によって説明できる．以下ではそれぞれについて考察する．

（1）記憶性

　線形時不変システムが，無記憶型であるとき，入出力関係は

$$y(t) = kx(t), \qquad y[n] = kx[n]$$

で表される．ただし，k は定数である．このとき，インパルス応答は

$$h(t) = k\delta(t), \qquad h[n] = k\delta[n]$$

となる．ただし，δ は単位インパルス信号である．

　無記憶型線形時不変システムでは，$y = h * x = k\delta * x = kx \; (\because \delta * x = x)$ であり，入力を k 倍したものになる．

（2）因果性

　ここでは，離散時間信号を考え，線形時不変システムが，因果的であるとする．入出力関係は

$$
\begin{aligned}
y[n] &= h[n] * x[n] \\
&= \sum_{k=-\infty}^{\infty} h[n-k]x[k] \\
&= \sum_{k=-\infty}^{n} h[n-k]x[k] + \sum_{k=n+1}^{\infty} h[n-k]x[k] \qquad (3.7)
\end{aligned}
$$

となる．式 (3.7) において未来の入力に対応するのは第 2 項であり，因果的であるためにはこの項が恒等的に 0 でなくてはいけない．このためには，$h[n-k]$ $(k = n+1, \ldots)$ が 0 にならねばならない．したがって，因果的な線形時不変システムのインパルス応答は

　$n < 0$ に対し，$h[n] = 0$

　同様に連続時間信号においても

　$t < 0$ に対し，$h(t) = 0$

(3) 安定性

線形時不変システムが，BIBO 安定であるとき，インパルス応答は以下を満たす．

$$\int_{-\infty}^{\infty} |h(\tau)| d\tau < \infty, \qquad \sum_{k=-\infty}^{\infty} |h[k]| < \infty \tag{3.8}$$

すなわち，連続時間信号ではインパルス応答が絶対積分可能，離散時間信号では絶対総和可能であることが条件である．

問 3.6 式 (3.8) が BIBO 安定の必要十分条件であることを示せ．

演習問題

(1) 以下の信号処理システム (i)〜(vi) について，次の性質 A)〜E) が満たされる
か否かを調べよ．

    A) 記憶性　B) 因果性　C) BIBO 安定性　D) 時不変性　E) 線形性

  (i)　$y[n] = x[2n]$

  (ii)　$y[n] = n \cdot x[n]$

  (iii)　$y[n] = x[-n]$

  (iv)　$y[n] = g[n]x[n]$　（$g[n]$：あらかじめ与えられている信号）

  (v)　$y(t) = x(t)\cos(\omega_c t)$　（ω_c：定数）

  (vi)　$y[n] = x(nT)$　（これは，連続時間信号 $x(t)$ を図 3.11 のようにサンプリ
ング周期 T ごとにサンプリングして離散時間信号 $y[n]$ を出力するシステ
ムであり，サンプラー (sampler) と呼ばれる）

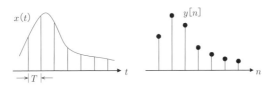

図 **3.11**

(2) 離散時間線形時不変システム $y[n] = L[x[n]]$ について，$x[n]$ が周期的である
とき（周期 N），$y[n]$ も周期的であること（周期 N）を示せ．

(3) 連続時間線形時不変システム L について，インパルス応答が $h(t) = u(t) - u(t-2)$，入力信号が $x(t) = u(t) - u(t-3)$ であるとき，出力信号 $y(t)$ を
求め，図示せよ．

(4) 離散時間線形時不変システム L において，入力 $x[n]$ とインパルス応答 $h[n]$ がそ
れぞれ以下で定義されるとき，出力 $y[n]$ を求め，図示せよ．ただし，$0 < \alpha < 1$
とする．

  (i)　$x[n] = u[n]$,　　　　$h[n] = \alpha^n u[n]$

  (ii)　$x[n] = \alpha^n u[n]$,　　　$h[n] = \alpha^{-n} u[-n]$

(5) 連続時間線形時不変システムの入出力関係が

$$y(t) = \frac{1}{T} \int_{t-T/2}^{t+T/2} x(\tau)d\tau$$

で与えられるとき，インパルス応答を求め，図示せよ．

(6) 図3.12に示す離散時間信号処理システム L を考える．以下の問に答えよ．

$$x[n] \longrightarrow \boxed{\text{システム } L} \longrightarrow y[n] = \sum_{k=-\infty}^{n} x[k]$$

図 **3.12**

(i) システム L のインパルス応答 $h[n]$ を求めよ．

(ii) システム L のステップ応答 $s[n]$ を求めよ．

(iii) システム L の逆システムを求めよ．

(7) 図3.13のように離散時間線形時不変システム L_i $(i = 1, \ldots, 4)$ を接続する．以下の問に答えよ．

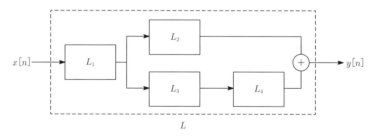

図 **3.13**

(i) 各 L_i のインパルス応答を $h_i[n]$ $(i = 1, \ldots, 4)$ とする．全体システム L のインパルス応答 $h[n]$ を $h_i[n]$ $(i = 1, \ldots, 4)$ を用いて表せ．

(ii) 図3.13において

$$\begin{cases} h_1[n] = u[n] - u[n-3] \\ h_2[n] = h_3[n] = (n+1)u[n] \\ h_4[n] = -\delta[n-2] \end{cases}$$

とするとき，$h_i[n]$ $(i = 1, \ldots, 4)$ を図示せよ．さらに，$h[n]$ を単位インパルス信号と単位ステップ信号を用いて表すとともに図示せよ．

(iii)　L への入力信号 $x[n]$ を

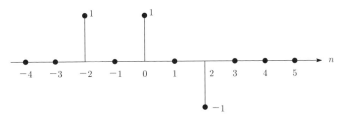

図 **3.14**

とするとき，L の出力信号 $y[n]$ を数式で表すとともに図示せよ．

(8)　2 つの連続時間線形時不変システム L_1，L_2 を縦続接続する．L_1，L_2 のインパルス応答をそれぞれ

$$h_1(t) = e^{-2t}u(t), \qquad h_2(t) = 2e^{-t}u(t)$$

とする．以下の問に答えよ．

(i)　縦続接続されたシステム全体のインパルス応答を求めよ．

(ii)　縦続接続されたシステム全体が BIBO 安定であるか調べよ．

(9)　離散時間システムの入出力関係が

$$\text{A)}\quad y[n] = \sum_{k=n-n_0}^{n+n_0} x[k] \qquad (n_0 > 0)$$

$$\text{B)}\quad y[n] = \sum_{k=-\infty}^{n} 2^{k-n} x[k+1]$$

で与えられるときのそれぞれについて，以下の問 (i)〜(iv) に答えよ．

(i)　システムが線形時不変であることを証明せよ．

(ii)　インパルス応答を求め，図示せよ．

(iii)　インパルス応答を基に，システムの因果性と BIBO 安定性を評価せよ．

(iv)　システムのステップ応答を求めよ．

(10)　入出力関係が

$$y(t) = L[x(t)] = \frac{1}{b} \int_{t-a-b}^{t-a+b} x(\tau) \cos\left(\frac{\pi}{2b}(t-a-\tau)\right) d\tau$$

で表される連続時間線形時不変システム L を考える．ただし，a，b は実数の定数であり，$b > 0$ とする．L のインパルス応答を $h(t)$ とするとき，以下の

問に答えよ.

(i) システム L が線形かつ時不変であることを数式を用いて示せ.

(ii) $h(t)$ を求め, その概形を図示せよ.

(iii) L が因果的となるような a, b の範囲を求め, ab 平面上に図示せよ.

(iv) インパルス応答の観点から L の BIBO 安定性を論ぜよ.

(11) 線形時不変な離散時間信号処理システム L_1, L_2 を次のように定める. まず L_1 は, 入力信号 $x[n]$ に対し出力信号 $y[n]$ が

$$y[n] = \sum_{k=-\infty}^{n-n_0} x[k]$$

で与えられるシステムとする. 一方 L_2 は, そのインパルス応答が

$h_2[n] = e^{-an}u[n]$

で与えられるシステムとする. ただし, n_0 は整数の定数である. また, a は実数の定数であり, $a > 0$ を満たす. 以下の問に答えよ.

(i) L_1 が線形性と時不変性の双方を満たすことを数式を用いて示せ.

(ii) L_1 のインパルス応答 $h_1[n]$ を求め, さらに図示せよ.

(iii) L_2 は BIBO 安定であるか否か, 論ぜよ.

　　以降では, L_1 と L_2 を縦続接続したシステムを考える. このシステム全体を L とし, そのインパルス応答を $h[n]$ とするとき, 以下の問に答えよ.

(iv) $h[n]$ と $h_1[n]$, $h_2[n]$ の関係を数式で示し, その関係式を基に $h[n]$ を求めよ.

(v) L が因果的となるための条件を $h[n]$ に基づいて導け.

第4章　連続時間フーリエ解析

　フーリエ解析 (Fourier analysis) は信号処理において基礎を形成する重要な手法である．信号表現の時間領域 (time domain) と周波数領域 (frequency domain) との間の橋渡しをするのがフーリエ解析である．また，フーリエ解析は，実際の信号処理でも広く使われており，例えばオーディオシステムのスペクトルアナライザや音質コントロールに利用されている．以下では，連続時間フーリエ解析として，連続時間信号のフーリエ級数 (Fourier series) とフーリエ変換 (Fourier transform) を述べる．なお，本章のタイトルは後章で述べる離散時間フーリエ解析と対比するため，連続時間フーリエ解析としているが，一般にフーリエ解析と呼ばれているものは，この連続時間のものを指す．

4·1　連続時間フーリエ級数

　フーリエ級数の対象と考え方は以下の通りである．

□　基本周期 T_0 $\left(基本角周波数 \omega_0 = \dfrac{2\pi}{T_0}\right)$ の**周期信号** $x(t)$ $(x(t) = x(t + T_0))$ を対象とする．

□　周期信号 $x(t)$ を複素指数（三角）関数，すなわち基本周波数 ω_0 の複素指数関数 $e^{j\omega_0 t}$（**基本波**），および周波数 $k\omega_0$ の複素指数関数（調和関数：**第 k 次高調波**）$e^{j\omega_0 kt}$ の重合せで近似する．

定義 4.1（フーリエ級数）　連続時間周期信号 $x(t)$ の**フーリエ級数**とは

$$x(t) = \sum_{k=-\infty}^{\infty} a_k e^{jk\omega_0 t} \tag{4.1}$$

で定義される無限級数である．ただし，a_k は**フーリエ係数** (Fourier coefficient) で，a_0 を直流 (DC) 成分，$a_k e^{jk\omega_0 t}$ を第 k 次高調波 (harmonics)

成分と呼ぶ．角周波数に対する a_k $(k = 0, \pm 1, \pm 2, \ldots)$ の列を**スペクトル** (spectrum) と呼ぶ．このスペクトルは，各周波数成分の分布を表し，離散的であるため**線スペクトル** (line spectrum) ともいう．原信号が周期的であっても，線スペクトルは一般的に周期的ではない．また

$$a_k = |a_k|e^{j\theta_k}$$

とするとき，$|a_k|$ を**振幅スペクトル**，θ_k を**位相スペクトル**と呼ぶ．　■

まず，フーリエ係数 a_k をどのように決めるかを考える．式 (4.1) に $e^{-jn\omega_0 t}$ を乗じて1周期積分する．

$$\int_{T_0} x(t)e^{-jn\omega_0 t}dt = \sum_{k=-\infty}^{\infty} a_k \int_{T_0} e^{j(k-n)\omega_0 t}dt \tag{4.2}$$

ところで

$$\int_{T_0} e^{j\omega_0 mt}dt = \int_{T_0} \cos(m\omega_0 t)dt + j\int_{T_0} \sin(m\omega_0 t)dt$$

$$= \begin{cases} T_0 \ (m = 0) \quad \cdots \quad \displaystyle\int_{T_0} dt = T_0 \\ 0 \ (m \neq 0) \quad \cdots \quad \text{一周期の積分値 0} \end{cases} \tag{4.3}$$

であるから式 (4.2) は

$$\sum_{k=-\infty}^{\infty} a_k \int_{T_0} e^{j(k-n)\omega_0 t}dt = a_n T_0 \qquad \left(\begin{array}{ll} k = n \text{ のとき} & T_0 \\ k \neq n \text{ のとき} & 0 \end{array} \right)$$

ゆえに

$$a_n = \frac{1}{T_0} \int_{T_0} x(t)e^{-jn\omega_0 t}dt$$

定義 4.2（フーリエ係数）　フーリエ係数 a_k $(k$ は整数$)$ は

$$a_k = \frac{1}{T_0} \int_{T_0} x(t)e^{-jk\omega_0 t}dt$$

で与えられる．　■

ここで，フーリエ級数の M 次部分和 $x_M(t)$，および原信号との誤差 $e_M(t)$ を以下のように定義する．

$$x_M(t) \triangleq \sum_{k=-M}^{M} a_k e^{j\omega_0 kt}$$

$$e_M(t) \triangleq x(t) - x_M(t)$$

性質 4.1　フーリエ級数は 2 乗平均誤差 (Mean Square Error：MSE) の上で最良の近似である.　∎

$x(t)$ が 2 乗積分可能, すなわち

$$\int_{T_0} |x(t)|^2 dt < \infty$$

であるとき, 誤差のエネルギーは

$$\lim_{M \to \infty} \int_{T_0} |e_M(t)|^2 dt = 0$$

つまり MSE 基準で最良の近似となる.

定義 4.3（ディリクレの条件）　周期関数 $x(t)$ に対する以下の 3 つをディリクレの条件 (Dirichlet conditions) という.

1)　絶対積分可能である. つまり

$$\int_{T_0} |x(t)| dt < \infty$$

かつ, あらゆる有限時間区間において

2)　極大・極小値の数が有限である.

3)　不連続点の数が有限である.　∎

性質 4.2　ディリクレの条件を満たすとき $M \to \infty$ のとき不連続点を除いて $e_M(t) \to 0$. すなわち, 原波形 $x(t)$ に近づく.　∎

性質 4.3（パーシバルの等式）　$x(t)$ が 2 乗積分可能であるとき, 以下のパーシバルの等式 (Parseval's equality) が成り立つ.

$$\frac{1}{T_0} \int_{T_0} |x(t)|^2 dt = \sum_{k=-\infty}^{\infty} |a_k|^2$$

ここで, $|a_k|^2$ をパワースペクトルと呼ぶ. この等式は, 時間領域の平均パワーと周波数領域のパワーの総和が等しいことを示す.　∎

性質 4.4　フーリエ級数は**直交関数展開**の 1 つである. $x(t)$ は**正規直交基底** $\{\phi_k = e^{jk\omega_0 t}\}$ で表現される.　∎

$x(t)$ のノルム $\|x\|$ を

$$\|x\|^2 \triangleq \frac{1}{T_0} \int_{T_0} |x(t)|^2 dt$$

周期 T_0 の信号の内積 $\langle x, y \rangle$ を

$$\langle x, y \rangle \triangleq \frac{1}{T_0} \int_{T_0} x(t)\overline{y}(t)dt$$

と定義する.

ここで, $\phi_k(t) \triangleq e^{jk\omega_0 t}$ とすると, $\phi_m = e^{jm\omega_0 t}, \overline{\phi}_m = e^{-jm\omega_0 t}$ であり

$$\langle \phi_k, \phi_m \rangle = \frac{1}{T_0} \int_{T_0} e^{j(k-m)\omega_0 t}dt = \begin{cases} 1 & (k = m) \\ 0 & (k \neq m) \end{cases}$$

すなわち

$$\|\phi_k\|^2 = 1, \qquad \langle \phi_k, \phi_m \rangle = 0 \qquad (k \neq m)$$

となり, $\{\phi_k\}$ は正規直交基底をなす. フーリエ係数は内積表現では

$$a_k = \langle x, \phi_k \rangle$$

となり, $x(t)$ の基底 ϕ_k への射影成分の大きさを表す.

結局, $x(t) = \sum_{k=-\infty}^{\infty} a_k\phi_k(t)$ となり, $x(t)$ を無限個の単振動†$a_k\phi_k$ で表現

したことになる.

問 4.1 フーリエ級数は, 次式のように三角関数でも表すことができる.

$$x(t) = \frac{b_0}{2} + \sum_{k=1}^{\infty}(b_k \cos(k\omega_0 t) + c_k \sin(k\omega_0 t))$$

$$b_k = \frac{2}{T_0}\int_{T_0} x(t)\cos(k\omega_0 t)dt, \qquad c_k = \frac{2}{T_0}\int_{T_0} x(t)\sin(k\omega_0 t)dt$$

このとき, 式 (4.1) の a_k と上記の b_k, c_k の関係を求めよ.

問 4.2 次の図 4.1 の信号のフーリエ級数を求めよ.

---

† 等速円運動の射影を指す.

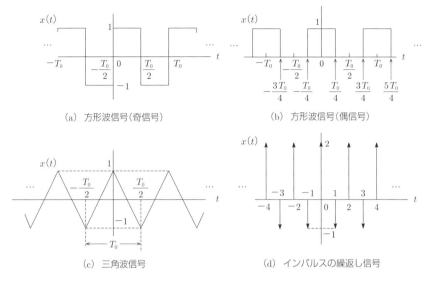

(a) 方形波信号（奇信号） (b) 方形波信号（偶信号）

(c) 三角波信号 (d) インパルスの繰返し信号

図 **4.1** 周期信号

4·2 フーリエ変換（連続時間フーリエ変換）

4·1 節のフーリエ級数が周期信号を対象とする解析法であったのに対し，フーリエ変換は以下が要点となる．

□ **非周期信号（孤立波）**を対象とする．

□ 信号を周波数成分へ分解し，周波数成分を解析する．

□ 信号の**時間領域表現**と**周波数領域表現**との橋渡しを役割とする．

□ 数学的には時間関数と周波数関数との積分変換に相当する．

　それでは，フーリエ級数からフーリエ変換を導出しよう．その考え方は以下の通りである．

1. 非周期信号を周期的に繰り返し，周期信号を作る．

2. この周期信号をフーリエ級数展開し，周期 $\to \infty$，つまり，無限大周期の信号を非周期信号とみなし，無限級数を積分表現に変える．

　非周期信号 $x(t)$ の存在範囲を $|t| \leq T_1$ とし，それ以外の範囲では

$$x(t) = 0 \qquad (|t| > T_1) \tag{4.4}$$

のように 0 とする（図 4.2 左）．この信号を周期 $T_0 \, (> 2T_1)$ で繰り返した周期

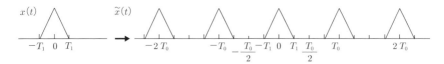

図 **4.2** 非周期信号から周期信号への変換

信号 $\tilde{x}(t)$ を

$$\tilde{x}(t) = x(t) \qquad \left(|t| < \frac{T_0}{2} \right) \tag{4.5}$$

とすると（図 4.2 右），$\tilde{x}(t)$ のフーリエ係数 a_k は

$$a_k = \frac{1}{T_0} \int_{T_0} \tilde{x}(t) e^{-jk\omega_0 t} dt \qquad \left(\omega_0 = \frac{2\pi}{T_0} \right) \tag{4.6}$$

で与えられる.

式 (4.4) と式 (4.5) より

$$a_k = \frac{1}{T_0} \int_{T_0} x(t) e^{-jk\omega_0 t} dt = \frac{1}{T_0} \int_{-\infty}^{\infty} x(t) e^{-jk\omega_0 t} dt \tag{4.7}$$

上式は非周期信号 $x(t)$ により a_k が計算できることを示している.

ここで，連続変数 ω を含む関数 $X(\omega)$ を定義する.

$$X(\omega) \triangleq \int_{-\infty}^{\infty} x(t) e^{-j\omega t} dt \tag{4.8}$$

式 (4.7) と式 (4.8) より

$$a_k = \frac{1}{T_0} X(\omega)|_{\omega = k\omega_0} = \frac{1}{T_0} X(k\omega_0)$$

が得られる. これは，T_0 倍された a_k は $\omega = k\omega_0$ (k は整数) における $X(\omega)$ に等しいことを指す.

$\tilde{x}(t)$ をフーリエ級数展開すると

$$\tilde{x}(t) = \sum_{k=-\infty}^{\infty} a_k e^{jk\omega_0 t} = \frac{1}{T_0} \sum_{k=-\infty}^{\infty} X(k\omega_0) e^{jk\omega_0 t}$$

$$= \sum_{k=-\infty}^{\infty} \frac{1}{2\pi} X(k\omega_0) e^{jk\omega_0 t} \omega_0$$

$\omega_0 \triangleq \Delta\omega$ とおくと

$$\frac{1}{2\pi}\sum_{k=-\infty}^{\infty} X(k\Delta\omega)e^{jk\Delta\omega t}\Delta\omega$$

$T_0 \to \infty$ のとき $\Delta\omega \to 0$, $k\Delta\omega \to \omega$, $\Delta\omega \to d\omega$ となり上式は

$$\frac{1}{2\pi}\int_{-\infty}^{\infty} X(\omega)e^{j\omega t}d\omega$$

となる．ゆえに

$$x(t) = \lim_{T_0\to\infty} \tilde{x}(t) = \frac{1}{2\pi}\int_{-\infty}^{\infty} X(\omega)e^{j\omega t}d\omega \tag{4.9}$$

　以上が非周期信号を周期信号と見立てた導出であるが，もう1つの導出法，フーリエ級数における $x(t)$ の再帰的表現からフーリエ変換を導く方法を述べよう．フーリエ級数展開の式にフーリエ係数の式を代入して

$$x(t) = \sum_{k=-\infty}^{\infty}\left\{\frac{1}{T_0}\int_{T_0} x(u)e^{-jk\omega_0 u}du\right\}e^{jk\omega_0 t}$$

$\omega_0 = \dfrac{2\pi}{T_0}$ を $\Delta\omega$ と書き換えて

$$x(t) = \sum_{k=-\infty}^{\infty}\left\{\frac{1}{T_0}\int_{T_0} x(u)e^{-jk\Delta\omega u}du\right\}e^{jk\Delta\omega t}$$

$$= \frac{1}{2\pi}\sum_{k=-\infty}^{\infty}\left\{\int_{T_0} x(u)e^{jk\Delta\omega(t-u)}du\right\}\Delta\omega$$

ここで，$T_0 \to \infty$ とすると $\Delta\omega \to 0$, $k\Delta\omega \to \omega$, $\Delta\omega \to d\omega$ となり

$$x(t) = \frac{1}{2\pi}\int_{-\infty}^{\infty}\int_{-\infty}^{\infty} x(u)e^{j\omega(t-u)}dud\omega \tag{4.10}$$

上式は**フーリエの積分定理**と呼ばれるものである．これより

$$x(t) = \frac{1}{2\pi}\int_{-\infty}^{\infty}\int_{-\infty}^{\infty} x(u)e^{j\omega(t-u)}dud\omega$$

$$= \frac{1}{2\pi}\int_{-\infty}^{\infty} e^{j\omega t}\left\{\int_{-\infty}^{\infty} x(u)e^{-j\omega u}du\right\}d\omega$$

$$\triangleq \frac{1}{2\pi}\int_{-\infty}^{\infty} e^{j\omega t}X(\omega)d\omega$$

ただし，$X(\omega) \triangleq \displaystyle\int_{-\infty}^{\infty} x(u)e^{-j\omega u}du$

これは任意の信号を $-\infty < t < \infty$ の区間で積分表現したことになる.

定義 4.4 (フーリエ変換・逆フーリエ変換)　連続時間信号を $x(t)$ とする. $x(t)$ の**フーリエ変換** (Fourier Transform：FT) $X(\omega)$ は

$$\mathcal{F}[x(t)] = X(\omega) = \int_{-\infty}^{\infty} x(t)e^{-j\omega t}dt \tag{4.11}$$

で定義される. **逆フーリエ変換** (Inverse FT：IFT) は, $X(\omega)$ から $x(t)$ を求めるもので

$$\mathcal{F}^{-1}[X(\omega)] = x(t) = \frac{1}{2\pi}\int_{-\infty}^{\infty} X(\omega)e^{j\omega t}d\omega \tag{4.12}$$

で与えられる. 変数 $t,\ \omega$ の領域を**時間領域** (time domain), **周波数領域** (frequency domain) という. $x(t)$ と $X(\omega)$ を**フーリエ変換対** (Fourier transform pair) と呼び

$$x(t) \longleftrightarrow X(\omega)$$

と記す. $X(\omega)$ を**周波数スペクトル**（単に**スペクトル** (spectrum)）と呼び, 周波数 ω の複素正弦波 ($e^{j\omega t}$) 成分をどれだけ含むかを示す. また, $X(\omega)$ は複素関数ゆえ

$$X(\omega) \triangleq |X(\omega)|e^{j\phi(\omega)}$$

とすると, $|X(\omega)|^2$ を**エネルギースペクトル**, $|X(\omega)|$ を**振幅スペクトル**, $\phi(\omega)$ を**位相スペクトル**と呼ぶ. ■

定義 4.5 (フーリエ変換の存在条件)　連続時間信号 $x(t)$ が**絶対積分可能**, すなわち

$$\int_{-\infty}^{\infty} |x(t)|dt < \infty$$

ならフーリエ変換が存在する. いい換えると, $t \to \pm\infty$ で指数関数的に発散する信号ならフーリエ変換が存在しない. ただし, 本条件は十分条件で, 絶対積分可能でない関数, 例えば単位ステップ関数でもフーリエ変換は存在することに注意されたい. ■

定義 4.6 (フーリエ変換の内積としての定義)

有限エネルギー信号 $\left(\int_{-\infty}^{\infty} |x(t)|^2 dt < \infty \right)$ の内積を

$$\langle x, y \rangle \triangleq \int_{-\infty}^{\infty} x(t)\bar{y}(t)dt$$

とすると（**定義 2.9** 参照）

$$X(\omega) = \int_{-\infty}^{\infty} x(t)e^{-j\omega t}dt = \int_{-\infty}^{\infty} x(t)\overline{e^{j\omega t}}dt = \langle x(t), e^{j\omega t} \rangle$$

すなわち，スペクトルは原信号と複素正弦波の内積である. ∎

問 4.3 $x(t)$ が実信号であるとき

$$\overline{X(\omega)} = X(-\omega)$$

であり

$$|X(\omega)| = |X(-\omega)|, \qquad \phi(\omega) = -\phi(-\omega)$$

であることを示せ.

定義 4.7（2 次元フーリエ変換） 2 次元信号 $f(x,y)$ $((x,y) \in \mathbb{R}^2$ は空間（場所）の変数) の 2 次元フーリエ変換 $F(u,v)$ $((u,v) \in \mathbb{R}^2$ は空間周波数) は

$$\mathcal{F}[f(x,y)] = F(u,v) \triangleq \int_{-\infty}^{\infty}\int_{-\infty}^{\infty} f(x,y)e^{-j2\pi(ux+vy)}dxdy$$

で与えられる.

また，逆フーリエ変換は

$$\mathcal{F}^{-1}[F(u,v)] = f(x,y) \triangleq \frac{1}{(2\pi)^2}\int_{-\infty}^{\infty}\int_{-\infty}^{\infty} F(u,v)e^{j2\pi(ux+vy)}dudv$$

となる. ∎

4·3 フーリエ変換の種々の定義

フーリエ変換は，係数の付け方，積分変数の取り方により，種々の定義がある. 教科書によってもまちまちで，実はこれが混乱を起こす要因でもある. 本節ではこれらをまとめ，定義の考え方を示すが，いずれも時間領域と周波数領域の変換を記述するものであるというフーリエ変換の根本は変わらないことに注意してほしい.

定義 4.8（その 1・順変換の係数を 1） フーリエ変換（順変換）と逆フーリエ変換（逆変換）を以下で定義する.

$$X(\omega) = \int_{-\infty}^{\infty} x(t)e^{-j\omega t}dt$$

$$x(t) = \frac{1}{2\pi} \int_{-\infty}^{\infty} X(\omega)e^{j\omega t}d\omega$$

この定義は本書で用いているもので，**定義 4.4** に等しい．フーリエ級数の基本周期を無限大にしたとき（式 (4.9) 参照）に導かれる自然な定義といえる．

定義4.9（その2・逆変換の係数を 1）

$$X(\omega) = \frac{1}{2\pi} \int_{-\infty}^{\infty} x(t)e^{-j\omega t}dt$$

$$x(t) = \int_{-\infty}^{\infty} X(\omega)e^{j\omega t}d\omega$$

信号がスペクトル成分の積分になっているという定義で，物理的な意味合いとの整合性もよい．

定義4.10（その3・正順変換の係数を一致）

$$X(\omega) = \frac{1}{\sqrt{2\pi}} \int_{-\infty}^{\infty} x(t)e^{-j\omega t}dt$$

$$x(t) = \frac{1}{\sqrt{2\pi}} \int_{-\infty}^{\infty} X(\omega)e^{j\omega t}d\omega$$

数学の教科書でよく用いられる定義で，変換がすべて対称的になる．物理的な意味合いより数学的美しさに重点を置いた定義である．

定義4.11（その4・周波数 f を変数）

$$X(f) = \int_{-\infty}^{\infty} x(t)e^{-j2\pi ft}dt$$

$$x(t) = \int_{-\infty}^{\infty} X(f)e^{j2\pi ft}df$$

角周波数 ω ではなく周波数 f を変数とする定義で，通信分野（通信方式・波形伝送）の教科書に多い．

4・4 フーリエ変換の性質

表 4.1 にフーリエ変換に関する重要な性質を列挙する．ここで，$x(t) \leftrightarrow X(\omega), x_1(t) \leftrightarrow X_1(\omega), x_2(t) \leftrightarrow X_2(\omega)$ とする．ここでフーリエ変換特有の性質である**双対性** (duality) について触れておく．式 (4.11)，式 (4.12) から

わかるように，FT と IFT は，係数 $1/2\pi$ と複素正弦波を表す指数部分の符号の正負が異なるのみである．したがって，$X(t) \leftrightarrow 2\pi x(-\omega)$ という対応関係が成り立つ．この関係をうまく使うと FT，あるいは IFT の計算が楽になる．また，時間領域での**畳込み** (convolution) が周波数領域での積になるという性質も線形時不変システムの周波数応答を考えるときに重要となる．**パーシバルの等式** (Parseval's equality) は信号において時間領域の総エネルギーと周波数領域の総エネルギーが等しいことを主張するものである．

表 4.1 フーリエ変換の諸性質

性質	信号	フーリエ変換
線形性	$a_1 x_1(t) + a_2 x_2(t)$	$a_1 X_1(\omega) + a_2 X_2(\omega)$
時間シフト	$x(t - t_0)$	$e^{-j\omega t_0} X(\omega)$
周波数シフト	$e^{j\omega_0 t} x(t)$	$X(\omega - \omega_0)$
時間の圧縮・伸張	$x(at)$	$\dfrac{1}{\lvert a \rvert} X\left(\dfrac{\omega}{a}\right)$
時間反転	$x(-t)$	$X(-\omega)$
双対性	$X(t)$	$2\pi x(-\omega)$
微分（時間）	$\dfrac{dx(t)}{dt}$	$j\omega X(\omega)$
微分（周波数）	$(-jt)x(t)$	$\dfrac{dX(\omega)}{d\omega}$
積分	$\displaystyle\int_{-\infty}^{t} x(\tau)d\tau$	$\pi X(0)\delta(\omega) + \dfrac{1}{j\omega} X(\omega)$
畳込み	$x_1(t) * x_2(t)$	$X_1(\omega) X_2(\omega)$
積算	$x_1(t) x_2(t)$	$\dfrac{1}{2\pi} X_1(\omega) * X_2(\omega)$
相関	$x_1(t) \circ x_2(t) \quad (x_1, x_2 \text{ は実数})$	$\overline{X_1(\omega)} X_2(\omega)$
実信号	$x(t) = x_e(t) + x_o(t)$	$X(\omega) = A(\omega) + jB(\omega)$
		$X(-\omega) = \overline{X(\omega)}$
（偶信号部分）	$x_e(t)$	$\mathrm{Re}\{X(\omega)\} = A(\omega)$
（奇信号部分）	$x_o(t)$	$j\,\mathrm{Im}\{X(\omega)\} = jB(\omega)$
パーシバルの等式	$\displaystyle\int_{-\infty}^{\infty} \lvert x(t)\rvert^2 dt = \dfrac{1}{2\pi}\int_{-\infty}^{\infty} \lvert X(\omega)\rvert^2 d\omega$	

問 4.4 表 4.1 の諸性質を証明せよ．

4·5 代表的なフーリエ変換対

代表的な関数のフーリエ変換を表 4.2 にまとめる．

次に，フーリエ変換の計算例を示す．

表 **4.2** 代表的なフーリエ変換対

$x(t)$	$X(\omega)$
$\delta(t)$	1
$\delta(t - t_0)$	$e^{-j\omega t_0}$
1	$2\pi\delta(\omega)$
$e^{j\omega_0 t}$	$2\pi\delta(\omega - \omega_0)$
$\cos\omega_0 t$	$\pi\left[\delta(\omega - \omega_0) + \delta(\omega + \omega_0)\right]$
$\sin\omega_0 t$	$-j\pi\left[\delta(\omega - \omega_0) - \delta(\omega + \omega_0)\right]$
$u(t)$	$\pi\delta(\omega) + \dfrac{1}{j\omega}$
$e^{-at}u(t) \quad (a > 0)$	$\dfrac{1}{j\omega + a}$
$te^{-at}u(t) \quad (a > 0)$	$\dfrac{1}{(j\omega + a)^2}$
$e^{-a\lvert t \rvert} \quad (a > 0)$	$\dfrac{2a}{a^2 + \omega^2}$
$\mathrm{rect}_a(t) = \begin{cases} 1 & (\lvert t \rvert < a) \\ 0 & (\lvert t \rvert > a) \end{cases}$	$2a\dfrac{\sin\omega a}{\omega a} = 2a \cdot \mathrm{sinc}(\omega a)$
$\dfrac{\sin at}{\pi t} = \dfrac{a}{\pi} \cdot \mathrm{sinc}(at)$	$\mathrm{rect}_a(\omega) = \begin{cases} 1 & (\lvert\omega\rvert < a) \\ 0 & (\lvert\omega\rvert > a) \end{cases}$
$\mathrm{sgn}(t) = \begin{cases} 1 & (t > 0) \\ 0 & (t = 0) \\ -1 & (t < 0) \end{cases}$	$\dfrac{2}{j\omega}$
$\displaystyle\sum_{k=-\infty}^{\infty} \delta(t - kT)$	$\displaystyle\omega_0 \sum_{k=-\infty}^{\infty} \delta(\omega - k\omega_0) \quad \left(\omega_0 = \dfrac{2\pi}{T}\right)$

例 4.1（方形パルス波） 図 4.3 に示す rect_a 関数

$$\mathrm{rect}_a(t) = \begin{cases} 1 & (\lvert t \rvert < a) \\ 0 & (\lvert t \rvert > a) \end{cases}$$

で表される.

$$\begin{aligned}
X(\omega) &= \int_{-\infty}^{\infty} x(t)e^{-j\omega t}dt = \int_{-a}^{a} e^{-j\omega t}dt \\
&= \left[-\frac{e^{-j\omega t}}{j\omega}\right]_{-a}^{a} = -\frac{1}{j\omega}\left\{e^{-j\omega a} - e^{j\omega a}\right\} \\
&= -\frac{1}{j\omega}\left\{\cos(-\omega a) + j\sin(-\omega a) - \cos(\omega a) - j\sin(\omega a)\right\} \\
&= \frac{2}{\omega}\sin(\omega a) = 2a \cdot \frac{\sin(\omega a)}{(\omega a)} = 2a \cdot \mathrm{sinc}(\omega a)
\end{aligned}$$

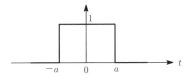

図 **4.3** 方形パルス波

ここで，sinc 関数は $\mathrm{sinc}(t) \triangleq \dfrac{\sin(t)}{t}$ で定義され[†]，その概形は図 4.4 のように振動しつつ減衰する．

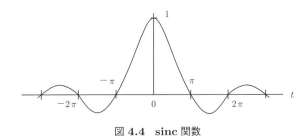

図 **4.4** sinc 関数

例 4.2（単位インパルス信号）

$$X(\omega) \triangleq \mathcal{F}\Big[\delta(t)\Big] = \int_{-\infty}^{\infty} \delta(t)e^{-j\omega t}dt = e^0 = 1 \tag{4.13}$$

図 **4.5** 単位インパルス信号のスペクトル

例 4.3（直流信号）

すべての t について $x(t) = 1$

$$\mathcal{F}[1] = \int_{-\infty}^{\infty} 1 \cdot e^{-j\omega t}dt$$

ところで，デルタ関数のフーリエ変換は式 (4.13) より

$$\int_{-\infty}^{\infty} \delta(t)e^{-j\omega t}dt = 1$$

また，上式の逆変換は

$$\delta(t) = \frac{1}{2\pi}\int_{-\infty}^{\infty} 1 \cdot e^{j\omega t}d\omega$$

[†] $\mathrm{sinc}(t) \triangleq \sin(\pi t)/(\pi t)$ と定義する場合もある．

$t \to -\omega,\ \omega \to t$ と変数変換して

$$\delta(-\omega) = \frac{1}{2\pi} \int_{-\infty}^{\infty} e^{-j\omega t} dt$$

δ が偶関数であることに注意して

$$\mathcal{F}[1] = \int_{-\infty}^{\infty} e^{-j\omega t} dt = 2\pi\delta(-\omega) = 2\pi\delta(\omega)$$

問 4.5　(1)　符号関数 $\mathrm{sgn}(t) \leftrightarrow \dfrac{2}{j\omega}$ を示せ（表 4.2 参照）.

(2)　単位ステップ信号 $u(t)$ を符号関数で表し，$u(t) \leftrightarrow \pi\delta(\omega) + \dfrac{1}{j\omega}$ を示せ.

問 4.6　図 4.6 に示す時間間隔 T_0 で並んだ単位インパルス信号の系列 $x(t)$ をフーリエ級数展開し，その結果を基に $x(t)$ のフーリエ変換 $X(\omega)$ を求め，図示せよ.

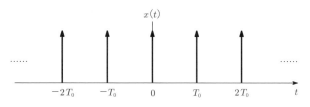

図 4.6　インパルス信号の系列

問 4.7　(1)　フーリエ変換の双対性を用いて $\dfrac{a}{\pi}\,\mathrm{sinc}(at) \leftrightarrow \mathrm{rect}_a(\omega)$ を示せ.

(2)　$x(t)\cos\omega_0 t \leftrightarrow \dfrac{1}{2}\{X(\omega - \omega_0) + X(\omega + \omega_0)\}$ を示せ.

(3)　スペクトル $X(\omega)$ が図 4.7 のように与えられているときの信号 $x(t)$ を求め，概形を図示せよ.

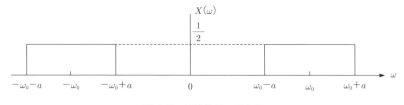

図 4.7　周波数スペクトル

演習問題

(1) $f(t)$, $g(t)$ を基本周期 T_0 の連続時間周期信号とし

$$f(t) = \sum_{n=-\infty}^{\infty} c_n e^{jn\omega_0 t}, \qquad g(t) = \sum_{n=-\infty}^{\infty} d_n e^{jn\omega_0 t} \qquad \left(\omega_0 = \frac{2\pi}{T_0} \right)$$

のようにフーリエ級数展開されているとする．また，$x(t) = f(t)g(t)$ とする．以下の問に答えよ．

(i) $\dfrac{1}{T_0} \displaystyle\int_{-T_0/2}^{T_0/2} f(t-\tau)g(\tau)d\tau = \sum_{n=-\infty}^{\infty} c_n d_n e^{jn\omega_0 t}$ を示せ．

(ii) $\dfrac{1}{T_0} \displaystyle\int_{-T_0/2}^{T_0/2} f(t+\tau)\overline{f(\tau)}d\tau = \sum_{n=-\infty}^{\infty} |c_n|^2 e^{jn\omega_0 t}$ を示せ．

(iii) $x(t)$ が周期 T_0 の周期信号となることを示せ．

(iv) $x(t)$ をフーリエ級数に展開したときのフーリエ係数を h_n とするとき

$$h_n = \sum_{k=-\infty}^{\infty} c_{n-k} d_k$$

となることを示せ．

(2) 以下の問に答えよ．

(i) 図 4.8 に示す $e^{-at}u(t)$ $(a>0)$ のフーリエ変換を求めよ．

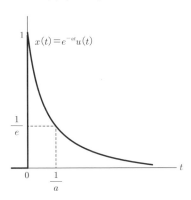

図 **4.8**

(ii) $e^{-a|t|} = e^{-at}u(t) + e^{at}u(-t)$ であることを利用して $e^{-a|t|}$ $(a>0)$ のフーリエ変換を求めよ．

(3) 周期 T の周期関数 $x(t) = x(t + T)$ のフーリエ変換は

$$X(\omega) = 2\pi \sum_{n=-\infty}^{\infty} c_n \delta\left(\omega - n\frac{2\pi}{T}\right)$$

で与えられることを示せ．ここで，c_n は $x(t)$ をフーリエ級数に展開したときのフーリエ係数である．

(4) 連続時間信号 $x(t)$ のフーリエ変換が

$$X(\omega) = \begin{cases} 1 & (|\omega| < 1) \\ 0 & (|\omega| > 1) \end{cases}$$

で与えられるとき，連続時間信号

$$y(t) = \frac{d^2 x(t)}{dt^2}$$

のエネルギーを求めよ．

(5) 連続時間信号 $x(t) = e^{-at^2}$ $(a > 0)$ について，以下の問に答えよ．
(i) $x(t)$ の概形を図示せよ．
(ii) フーリエ変換 $X(\omega)$ の定義式

$$X(\omega) = \int_{-\infty}^{\infty} e^{-at^2} e^{-j\omega t} dt$$

を ω で微分して，微分方程式

$$\frac{dX(\omega)}{d\omega} = -\frac{\omega}{2a} X(\omega)$$

を導出せよ．

(iii) ガウス積分 $\int_{-\infty}^{\infty} e^{-s^2} ds = \sqrt{\pi}$ を利用して $X(0)$ を求めよ．

(iv) 問 (iii) の結果を基に問 (ii) の微分方程式を解き，$X(\omega)$ を求めよ．また，$X(\omega)$ の概形を図示せよ．

(6) 連続時間信号 $x(t)$, $y(t)$ に対し，それらの間に演算 $\diamond$ を

$$x(t) \diamond y(t) = \int_{-\infty}^{\infty} \overline{x(\tau - t)} y(\tau) d\tau$$

と定義する．$x(t)$, $y(t)$ のフーリエ変換をそれぞれ $X(\omega)$, $Y(\omega)$ とするとき，以下の問に答えよ．
(i) $x(t) \diamond y(t)$ のフーリエ変換を，X および Y を用いて表せ．
(ii) 演算 $\diamond$ において可換則，分配則，結合則が成り立つか否かを，問 (i) の結

果を利用して論ぜよ.

(7)　実数値をもつ 2 つの連続時間信号 $p(t)$, $q(t)$ に対して, 時間シフトを τ とするとき, 相互相関関数 $r_{pq}(\tau)$ を

$$r_{pq}(\tau) \triangleq \int_{-\infty}^{\infty} p(t - \tau)q(t)dt$$

と定義する. さらに, $q = p$ のとき, $r_{pp}(\tau)$ を自己相関関数と定義する. 以下の問 (i)(ii) に答えよ.

(i)　自己相関関数は偶関数であることを示せ.

(ii)　$p(t) \leftrightarrow P(\omega)$ のとき, $r_{pp}(\tau)$ とエネルギースペクトル $|P(\omega)|^2$ との間で
$$r_{pp}(\tau) \longleftrightarrow |P(\omega)|^2$$
が成り立つことを導出せよ.

　　さて, 図 4.9 のような連続時間システム $y(t) = L[x(t)]$ を考え, L のインパルス応答を $h(t)$ で表す. 以下の問 (iii)(iv) に答えよ.

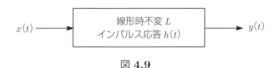

図 **4.9**

(iii)　$x(t)$ の自己相関関数 $r_{xx}(\tau)$ が
$$r_{xx}(\tau) = \delta(\tau)$$
を満足するとき, $x(t)$ のエネルギースペクトル $|X(\omega)|^2$ を求め, それがどのような性質をもつか議論せよ.

(iv)　$x(t)$ が問 (iii) の条件を満たすとき, 入出力信号の相互相関関数がインパルス応答に相当すること, すなわち
$$r_{xy}(\tau) = h(\tau)$$
となることを示せ.

(8)　連続時間信号 $h(t)$ を基本周期 T_0 の周期信号とし

$$h(t) = \sum_{k=-\infty}^{\infty} H_k e^{jk\omega_0 t} \qquad \left(\omega_0 = \frac{2\pi}{T_0} \right)$$

のようにフーリエ級数に展開されているとする. 一方, 連続時間信号 $x(t)$ は非周期信号であり, そのフーリエ変換 $X(\omega)$ について
$$X(\omega) = 0 \qquad (|\omega| > \omega_m)$$

が成り立つとする．ただし，$\omega_m > 0$ は実数の定数である．$q(t) = h(t) *$ $x(t)$，$y(t) = h(t)x(t)$ とするとき，以下の問 (i)〜(iii) に答えよ.

(i) $q(t)$ が周期 T_0 の周期信号となることを示せ.

(ii) $q(t)$ をフーリエ級数に展開したときのフーリエ係数を Q_k とする．$Q_k = H_k X(k\omega_0)$ となることを示せ.

(iii) $y(t)$ のフーリエ変換 $Y(\omega)$ について，次式が成り立つことを示せ.

$$Y(\omega) = \sum_{k=-\infty}^{\infty} H_k X(\omega - k\omega_0)$$

以降では，$h(t)$ の 1 周期分が $\delta(t)$ $(-\frac{T_0}{2} \leq t \leq \frac{T_0}{2})$ で与えられるものとする．以下の問 (iv)〜(vi) に答えよ.

(iv) このときの $h(t)$ を，δ および T_0 を用いて表せ.

(v)   問 (iv) の $h(t)$ に対し，そのフーリエ係数 H_k を求めよ.

(vi) 問 (iii)(v) を踏まえ，ω_0 が (a) $\omega_0 = 3\omega_m$，(b) $\omega_0 = \frac{3}{2}\omega_m$ であるときの $Y(\omega)$ を図示せよ．ただし，本問では $|\omega| \leq \omega_m$ において $X(\omega) = 1$ とする.

(9) 図 4.10 のようにサンプリング間隔が $T_0, 2T_0, T_0, 2T_0, \ldots$ と変化する連続時間のインパルス列 $d(t)$ によって連続時間信号 $x(t)$ をサンプリングする．サンプリングされた信号を $x_d(t) = d(t)x(t)$ とするとき，$x_d(t)$ のフーリエ変換 $X_d(\omega)$ を，$x(t)$ のフーリエ変換 $X(\omega)$ を用いて表せ.

図 4.10

第5章　サンプリング

　サンプリング (sampling) は，図 5.1 のように，連続時間信号 $x(t)$ から一定周期 T ごとに信号値 $x(nT)$ を取り出し，離散時間信号 $x[n]$ に変換するプロセスである．すなわち，連続時間信号と離散時間信号を橋渡しするものがサンプリングである．このときシャノンのサンプリング定理 (sampling theorem) は，連続時間信号の最高周波数に基づきサンプリングした離散時間信号が元の連続時間信号に復元されることを保証するものである．本書では，均一サンプリングを述べた後，フーリエ解析を用いてサンプリング定理を導いていく．

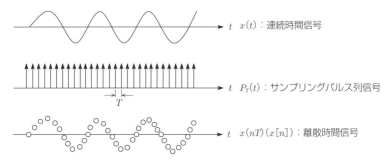

図 5.1　連続時間信号から離散時間信号への変換

5·1　正弦波信号の均一サンプリング

　アナログ信号（連続時間信号）は，図 5.2 のようにローパスフィルタ，A/D 変換（サンプラ，量子化器，符号化器）によりディジタル信号に変換され，ディジタル信号処理が実行される．その後 D/A 変換，ローパスフィルタを経て再びアナログ信号となる．A/D 変換の中心はサンプリングであるが，連続時間信号 $x(t)$（t は実数）に対し最も一般的なサンプリング法は図 5.3 のような**均一サンプリング** (uniform sampling) で

$$x[n] = x(nT) \qquad (n = 0, \pm1, \pm2, \ldots) \tag{5.1}$$

ここで，$x[n]$（n は整数）は T 秒ごとに信号 $x(t)$ をサンプリングして得られる離散時間信号である．この過程は図 5.2 のように工学的には周期的サンプリングパルス列を乗積するサンプラを通して得られる．連続するサンプル間の時間間隔（周期）T は**サンプリング周期**，あるいは**サンプリング間隔**と呼ばれ，その逆数 $1/T = f_s$ は**サンプリングレート**あるいは**サンプリング周波数** [Hz] と呼ばれる．

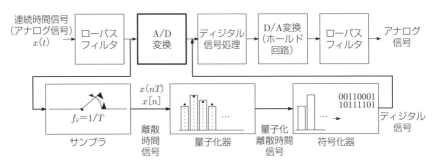

図 **5.2** 信号処理過程

均一サンプリングによって連続時間信号の時間変数 t と離散時間信号の時間変数 n の間にはサンプリング間隔 T，あるいはサンプリングレート $f_s = 1/T$ を通して以下のような関係がある．

$$t = nT = \frac{n}{f_s} \tag{5.2}$$

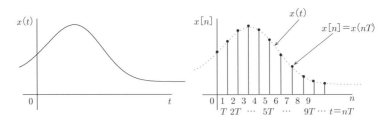

図 **5.3** 連続時間信号の均一サンプリング

ここで，連続時間正弦波信号

$$x(t) = A\cos(2\pi f t + \theta) = A\cos(\omega t + \theta) \tag{5.3}$$

および離散時間正弦波信号

$$x[n] = A\cos(2\pi Fn + \theta) = A\cos(\Omega n + \theta) \tag{5.4}$$

に対し，毎秒 $f_s = 1/T$ のレートで周期的にサンプルを取った場合，連続時間信号の周波数 f（あるいは ω）と離散時間信号の周波数 F（あるいは Ω）の関係を考えよう．

$$x(nT) \triangleq x[n] = A\cos(2\pi fnT + \theta)$$
$$= A\cos\left(\frac{2\pi nf}{f_s} + \theta\right) \tag{5.5}$$

式 (5.4) と式 (5.5) を比較すると，周波数 F と f とは

$$F = \frac{f}{f_s} \tag{5.6}$$

の関係が，そして同様に Ω と ω とは，

$$\Omega = \omega T \tag{5.7}$$

の関係が成り立つ．式 (5.6)，式 (5.7) の関係により F, Ω は，それぞれ**正規化周波数** (normalized frequency)，**正規化角周波数** (normalized angular frequency) と呼ばれる[†]．式 (5.6) が示すようにサンプリング周波数 f_s がわかっているときのみ周波数 F から周波数 f を決めることができる．連続時間正弦波の周波数 f や ω の範囲は

$$f \in (-\infty,\ \infty)$$
$$\omega \in (-\infty,\ \infty) \tag{5.8}$$

であるが，離散時間正弦波について，2 つの正弦波は，角周波数が 2π の整数倍で離れていれば同一の信号となる（2.4.1 項参照）ことに注意しなければならない．つまり $|\Omega| > \pi$ の離散時間正弦波信号は，$|\Omega| \leq \pi$ の離散時間正弦波に同一の信号が存在する[††]．よって

$$F \in \left[-\frac{1}{2},\ \frac{1}{2}\right]$$
$$\Omega \in [-\pi,\ \pi] \tag{5.9}$$

となる．式 (5.6) と式 (5.7) を式 (5.9) に代入すると，$f_s = 1/T$ のレートでサンプリングされたとき連続時間正弦波の周波数は必ず以下の範囲に入ることがわかる．

[†]　相対（角）周波数とも呼ばれる．

[††]　$|\Omega| \leq \pi$ すなわち $|F| \leq \dfrac{1}{2}$ の離散時間信号に対し，それと同一の $|\Omega| > \pi$, $|F| > \dfrac{1}{2}$ の信号をエイリアス信号と呼ぶ．

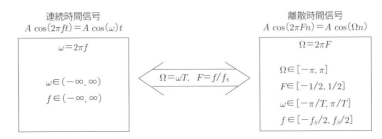

図 5.4　周波数間の関係

$$f \in \left[-\frac{1}{2T} = -\frac{f_s}{2}, \ \frac{f_s}{2} = \frac{1}{2T} \right] \tag{5.10}$$

$$\omega \in \left[-\frac{\pi}{T} = -\pi f_s, \ \pi f_s = \frac{\pi}{T} \right] \tag{5.11}$$

これらの関係を図 5.4 に示す．これらの関係から連続時間信号と離散時間信号との基本的な違いは周波数 F や f，また Ω や ω の定義域にあるということがわかる．連続時間信号の均一サンプリングは，変数 f（あるいは ω）に対する無限の周波数の範囲から変数 F（あるいは Ω）に対する有限の周波数の範囲への写像と解釈できる．離散時間信号において最高周波数は $\Omega = \pi$ あるいは $F = \dfrac{1}{2}$ であり，また，サンプリングレート f_s を用いると，対応する f および ω の最高値は

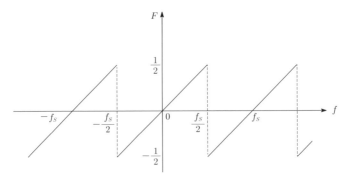

図 5.5　均一サンプリングを行った場合の連続時間と離散時間の周波数間の対応

$$f_{\max} = \frac{f_s}{2} = \frac{1}{2T}$$

$$\omega_{\max} = \pi f_s = \frac{\pi}{T} \tag{5.12}$$

となり，唯一に区別される連続時間信号の最高周波数は $f_{\max} = f_s/2$ あるいは $\omega_{\max} = \pi f_s$ であるため，サンプリングにはあいまいさが伴う．

一般に，連続時間正弦波信号

$$x(t) = A\cos(2\pi f_0 t + \theta) \tag{5.13}$$

のサンプリングはサンプリングレート $f_s = 1/T$ の下で，離散時間信号

$$x[n] = A\cos(2\pi F_0 n + \theta) \tag{5.14}$$

を与える．ここで，$F_0 = f_0/f_s$ は式 (5.14) の正弦波の正規化周波数である．$f_0 \in [-f_s/2,\ f_s/2]$ と仮定すると $x[n]$ の周波数 F_0 は離散時間信号の周波数範囲を基に，$F_0 \in \left[-\dfrac{1}{2},\ \dfrac{1}{2} \right]$ となる．この場合，f_0 と F_0 の間の関係は一対一対応であるから，$x[n]$ のサンプルから連続時間信号 $x(t)$ を求めることが可能である．

一方，周波数が

$$f_k = f_0 + k f_s \qquad (k \text{ は } 0 \text{ でない整数}) \tag{5.15}$$

の連続時間正弦波信号

$$x(t) = A\cos(2\pi f_k t + \theta) \tag{5.16}$$

がサンプリングレート f_s でサンプリングされる場合，周波数 f_k は $f_k \notin [-f_s/2,\ f_s/2]$ である．したがって，サンプリングされた信号は

$$\begin{aligned}
x[n] \triangleq x(nT) &= A\cos\left(2\pi \frac{f_0 + k f_s}{f_s} n + \theta \right) \\
&= A\cos(2\pi n f_0/f_s + \theta + 2\pi k n) \\
&= A\cos(2\pi F_0 n + \theta)
\end{aligned}$$

となり，これは式 (5.13) をサンプリングして得られる式 (5.14) の離散時間信号に等しい．これは，無限個の連続時間正弦波が同一の離散時間信号としてサンプリングされること，すなわち離散時間信号 $x[n]$ が与えられたとき，$x[n]$ に対応する連続時間信号 $x(t)$ に関してあいまいさが存在することを意味する．この状態を**エイリアシング** (aliasing) と呼ぶ．周波数 $f_k = f_0 + k f_s$ $(k \in \mathbb{Z})$ の信号はサンプリング後は f_0 の信号と区別がつかないので，f_0 の**エイリアス信号**である

といえる．連続時間の周波数変数 f と離散時間の周波数変数 F の関係を図 5.5 に示す．エイリアシングの例を図 5.6 に示す．同図より明らかなように，周波数 $f_0 = \dfrac{1}{4}$ Hz, $f_1 = \dfrac{5}{4}$ Hz, $f_2 = \dfrac{9}{4}$ Hz の 3 つの正弦波は $f_s = 1$ Hz のサンプリングレートの下で同一の離散時間信号となる．$f_1 = f_0 + f_s$, $f_2 = f_0 + 2f_s$ に注意されたい．

$f_s/2$ はサンプリングレート f_s に対する最高周波数であるから $f_s/2$ を超えるいかなる周波数も $f_s/2$ より小さい等価な周波数に対応付けることが可能である．$f_s/2$ を中心点としエイリアス周波数を $\left[0, \dfrac{f_s}{2} \right]$ の範囲に "折り返す" ことができる．周波数 $f_s/2$ は折り返し周波数 (folding frequency) と呼ばれることもある．

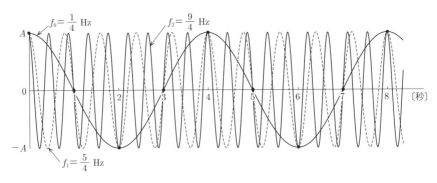

図 **5.6**　エイリアシングの例

🈡 **5.1**　連続時間信号

$$x(t) = \cos 200\pi t$$

を考える．

(1)　エイリアシングを生じないための最小のサンプリング周波数を求めよ．

(2)　サンプリング周波数 400 Hz でサンプリングしたときの離散時間信号を求めよ．

(3)　サンプリング周波数 150 Hz でサンプリングしたときの離散時間信号を求めよ．

(4)　(3) の離散時間信号と同一の信号を与える連続時間正弦波信号の周波数

$f \ (f \in \left[0, \dfrac{f_s}{2}\right], f_s = 150\,\mathrm{Hz})$ を求めよ.

5·2 連続時間信号とサンプリングパルス列

サンプリング対象とする連続時間信号を $x(t)$ とする.周期 T のサンプリングパルス列信号 $p_T(t)$ は図 5.7 のように単位インパルス信号(ディラックのデルタ関数)を用いて

$$p_T(t) = \sum_{n=-\infty}^{\infty} \delta(t - nT) \tag{5.17}$$

となる. $p_T(t)$ の基本周波数がサンプリング周波数 $f_s = \dfrac{1}{T}$ に相当する.また,サンプリング角周波数 $\omega_s = \dfrac{2\pi}{T} = 2\pi f_s$ とする.

図 5.7 サンプリングパルス列 $p_T(t)$

$x(t)$ とパルス列 $p_T(t)$ との積をとり,デルタ関数の性質 $x(t)\delta(t - t_0) = x(t_0)\delta(t - t_0)$ を用いると次式を得る.

$$x_s(t) \triangleq x(t)p_T(t) = \sum_{n=-\infty}^{\infty} x(nT)\delta(t - nT)$$

この式は大きさ(振幅)が $x(nT)$ のインパルス列を表す.

$x_s(t), x(t), p_T(t)$ のフーリエ変換をそれぞれ $X_s(\omega), X(\omega), P_T(\omega)$ とする.まず,サンプリングパルス列 $p_T(t)$ は周期 T の周期信号であるので,フーリエ級数展開する.フーリエ係数 a_n は

$$a_n = \frac{1}{T} \int_{-\frac{T}{2}}^{\frac{T}{2}} p_T(t)e^{-jn(\frac{2\pi}{T})t}dt = \frac{1}{T}$$

となるため

$$p_T(t) = \sum_{n=-\infty}^{\infty} \delta(t - nT) = \frac{1}{T} \sum_{n=-\infty}^{\infty} e^{jn(\frac{2\pi}{T})t}$$

ここで，$\mathcal{F}\left[e^{j\omega't}\right] = 2\pi\delta(\omega - \omega')$ を利用して

$$P_T(\omega) = \mathcal{F}\left[p_T(t)\right] = \frac{2\pi}{T} \sum_{n=-\infty}^{\infty} \delta\left(\omega - \frac{2\pi}{T} \cdot n\right)$$

$$= \omega_s \sum_{n=-\infty}^{\infty} \delta(\omega - \omega_s \cdot n)$$

$$X_s(\omega) = \mathcal{F}\left[x_s(t)\right] = \mathcal{F}\left[x(t)p_T(t)\right]$$

$$= \frac{1}{2\pi} X(\omega) * P_T(\omega)$$

$$= \frac{1}{2\pi} X(\omega) * \frac{2\pi}{T} \sum_{n=-\infty}^{\infty} \delta\left(\omega - \frac{2\pi}{T} \cdot n\right)$$

$$= \frac{1}{2\pi}\frac{2\pi}{T} \sum_{n=-\infty}^{\infty} X(\omega) * \delta\left(\omega - \frac{2\pi}{T} \cdot n\right)$$

$$= \frac{1}{T} \sum_{n=-\infty}^{\infty} X(\omega - \omega_s \cdot n)$$

ただし，最後の式への変形は $\phi(t) * \delta(t - \tau) = \displaystyle\int_{-\infty}^{\infty} \phi(u)\delta(t - \tau - u)du = \phi(t - \tau)$ を用いた．

性質 5.1 $X_s(\omega)$ は $X(\omega)$ を $\dfrac{2\pi}{T}$ $(= \omega_s)$ ずつずらして加え合わせたものである（図 5.8）．　■

図 **5.8** インパルス列 $x_s(t)$ の周波数スペクトル（周期 ω_s の周期関数）

5・3 ナイキスト条件

定義 5.1（理想ローパスフィルタ） 理想ローパスフィルタ (ideal low pass filter) とは，周波数特性が

$$\begin{cases} F(\omega) = 0 & (|\omega| > \omega') \\ F(\omega) = 1 & (それ以外) \end{cases}$$

のようなフィルタを指し，ω' を**カットオフ周波数**と呼ぶ．∎

図 5.8 に示す周波数スペクトルにカットオフ周波数 $\omega' = \dfrac{\pi}{T} = \dfrac{\omega_s}{2}$ の理想ローパスフィルタを作用させる．このとき，原信号のスペクトルの重なりがなければ（図 5.8 の状態），上記のフィルタで原信号そのもののスペクトルが抽出できる．では，重なりのない条件（これを**ナイキスト (Nyquist) 条件**と呼ぶ）とはどのようなものであろうか．準備として，帯域制限信号 (band-limited signal) を定義する．

定義 5.2（帯域制限信号） 信号 $x(t)$ の周波数スペクトルを $X(\omega)$ とする．

$$\exists \omega_M, \qquad X(\omega) = 0 \qquad (|\omega| > \omega_M)$$

であるとき，またそのときに限り $x(t)$ を帯域制限信号という．∎

定義 5.3（ナイキスト条件） 帯域制限信号 $x(t)$ の周波数スペクトル $X(\omega)$ の最高角周波数を $\omega_M \triangleq 2\pi f_M$ とする．このとき

$$\omega_M < \frac{2\pi}{T} - \omega_M$$

$$\frac{\pi}{T} > \omega_M$$

が重ならない条件となる（図 5.8 参照）．$\omega_M = 2\pi f_M$ であるため

$$\frac{1}{T} = f_s > 2f_M$$

を**ナイキスト条件**という．サンプリング周波数 f_s を $2f_M$ 以上にすると $x(t)$ を復元できる．ここに $2f_M$ を**ナイキストレート** (Nyquist rate) と呼び，その逆数を**ナイキスト間隔** (Nyquist interval) と呼ぶ．

なお，$f_s > 2f_M$ でサンプリングするとき，オーバーサンプリングといい，逆に $f_s < 2f_M$ でサンプリングするとき，アンダーサンプリングという．∎

ナイキスト条件が成り立たないときは**エイリアシング**が生じ，原信号は復元できない．この場合は，図 5.9 のようにスペクトルの重なりが見られる．

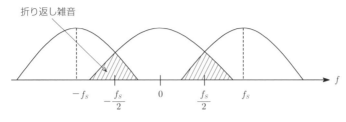

図 **5.9** エイリアシング

定義 5.4（折り返し周波数・ナイキスト周波数） 連続時間信号をサンプリング周波数 f_s でサンプリングするとき，$f_s/2$ を**折り返し周波数** (folding frequency) あるいは**ナイキスト周波数** (Nyquist frequency)[†]と呼ぶ． ∎

　エイリアシングが生じたとき，スペクトルの重複部分で，**折り返し雑音**，ないしは**折り返し歪み**と呼ばれる雑音が発生する（図 5.9）．このようなスペクトルでは，折り返し周波数を中心軸として折り返した周波数成分に，原信号とは異なる成分が重畳し，結果的に折り返し雑音として信号に加わることになる．

　電話音声は 4 kHz で帯域制限されており，エイリアシングが生じないように 8 kHz をサンプリング周波数にしている．また，CD の音声は 22.05 kHz で帯域制限されており，44.1 kHz でサンプリングされている．図 5.2 を再考すると，A/D 変換の前にローパスフィルタが配置されているが，これは折り返し周波数を超える周波数成分を除去するアンチエイリアシング・フィルタの役割を担っているのである．

5・4　サンプリング定理

定理 5.1（サンプリング定理 (sampling theorem)**）** 信号 $x(t)$ が帯域制限信号，すなわち $|\omega| > \omega_M$ で $X(\omega) = 0$ のとき $x(t)$ は $t = nT = \dfrac{n\pi}{\omega_M}$ $(n \in \mathbb{Z})$ におけるサンプル値 $x(nT)$ を用いて

[†]　ナイキスト周波数とナイキストレートを区別しない場合もある．

$$x(t) = \sum_{n=-\infty}^{\infty} x(nT) \operatorname{sinc}\left(\omega_M(t - nT)\right) \tag{5.18}$$

と表現できる. ■

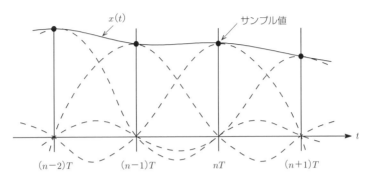

図 **5.10** 連続時間信号の復元

　サンプリング定理は，離散時間信号から元の連続時間信号（アナログ信号）を復元する基礎となる定理である. 任意の時刻の離散時間信号（サンプル）値から，アナログ信号の振幅を理想的に補完することができるという意味をもつ. 図 5.10 に連続時間信号を sinc 関数で復元する様子を示す.

問 5.2　$x(t)$ を帯域制限信号とする. またカットオフ周波数を ω_M とする理想ローパスフィルタをインパルス列のスペクトル $X_s(\omega)$ に乗じると

$$F(\omega)X_s(\omega) = \frac{1}{T}X(\omega)$$

となる. この式の両辺を逆フーリエ変換して，式 (5.18) を導出せよ.

演習問題

(1) 連続時間信号

$$x(t) = \cos(100\pi t)$$

について，以下の問に答えよ．

(i) ナイキスト周波数を求めよ．

(ii) $x(t)$ をサンプリング周波数 200 Hz でサンプリングして得られる離散時間信号 $x_1[n]$ を求めよ．

(iii) $x(t)$ をサンプリング周波数 75 Hz でサンプリングして得られる離散時間信号を $x_2[n]$ とする．いま，周波数 f $\left(0 < f < \frac{75}{2}\right)$〔Hz〕の正弦波信号 $\cos(2\pi f t)$ を同じ 75 Hz でサンプリングしたとき，同一の離散時間信号 $x_2[n]$ が得られる周波数 f を求めよ．

(2) 連続時間の正弦波信号

$$x(t) = \cos(15t) \tag{5.19}$$

をサンプリング間隔 T_s により $x[n] = x(nT_s)$ で均一サンプリングして離散時間信号を得る．以下の問に答えよ．

(i) $x[n]$ が周期信号となるようなサンプリング間隔 T_s を求めよ．

(ii) 式 (5.19) の信号のナイキスト間隔を示せ．

(iii) $T_s = 0.1\pi$ のとき，$x[n]$ の基本周期を求めよ．

(iv) $T_s = 0.1\pi$ のとき，式 (5.19) を均一サンプリングして得られる $x[n]$ と同一の信号を与える連続時間正弦波信号 $x(t)$ のうち，より低い周波数のものを示せ．

(3) 複素指数関数 $x(t) = e^{-j(400\pi t)}$ を均一サンプリングすることにより得られる離散時間信号を $x[n]$ とする．サンプリング周期を T〔秒〕，サンプリング周波数を f_s〔Hz〕とするとき，以下の問に答えよ．

(i) $x(t)$ の周波数を示せ．

(ii) エイリアシングを生じることなく $x(t)$ をサンプリングするためには T がどのような条件を満たす必要があるか．

(iii) $x[n]$ は一般に正規化周波数 F $(-0.5 < F \leq 0.5)$ を用いて $x[n] = e^{j(2\pi F n)}$ と表せる．$f_s = 90$ のときの F の値を求めよ．

(iv) $x[n] = e^{j\left(\frac{2}{3}\pi n\right)}$ となるような f_s の値を，$f_s \geq 60$ の範囲ですべて求めよ．

(4) 連続時間信号
$$x(t) = 2\cos(2000\pi t) + 3\sin(6000\pi t) + 4\cos(12000\pi t)$$
について以下の問に答えよ.

  (i) この $x(t)$ がエイリアシングを生じない最小のサンプリング周波数を示せ.

  (ii) $x(t)$ をサンプリング周波数 5〔kHz〕でサンプリングして得られる離散時間信号 $x[n]$ を求めよ.

  (iii) 問 (ii) の $x[n]$ からサンプリング定理により復元できる連続時間信号を求めよ.

(5) 連続時間信号 $x(t)$ を帯域制限された実信号とし,その最大角周波数を ω_m〔rad/秒〕とする.この $x(t)$ に対し,連続時間信号 $y(t)$ を
$$y(t) = x(t)\sin(\omega_c t)$$
と定義する.ここで ω_c は $\omega_c > \omega_m > 0$ を満たす定数である.$x(t)$, $y(t)$ のフーリエ変換をそれぞれ $X(\omega)$, $Y(\omega)$ とするとき,以下の問に答えよ.

  (i) $e^{j\omega_0 t} \leftrightarrow 2\pi\delta(\omega - \omega_0)$ を利用して $\sin(\omega_c t)$ のフーリエ変換を求めよ.

  (ii) 任意の 2 つの信号 $q(t)$, $r(t)$ について,そのフーリエ変換をそれぞれ $Q(\omega)$, $R(\omega)$ とすると
$$q(t)r(t) \longleftrightarrow \frac{1}{2\pi}Q(\omega) * R(\omega)$$
が成り立つことを示せ.

  (iii) 問 (i)(ii) の結果に基づき,$Y(\omega)$ と $X(\omega)$ の関係を数式で表せ.また
$$|X(\omega)| = \begin{cases} 2 & (0 \le \omega \le \omega_m) \\ 0 & (\omega > \omega_m) \end{cases}$$
である場合の $|Y(\omega)|$ を図示せよ.

  (vi) $y(t)$ をサンプリング周波数 f_s〔Hz〕で一様サンプリングした際にエイリアシングが生じないためには,f_s はどのような条件を満たす必要があるか.

第6章 離散時間フーリエ解析

　本章では，離散時間信号 $x[n]$ に対するフーリエ解析，すなわち離散時間フーリエ解析について述べる．離散時間フーリエ解析は，連続時間の場合と同様にフーリエ級数 (Fourier series)，フーリエ変換 (Fourier transform) がある．ここで，連続時間と離散時間に対するフーリエ解析を表 6.1 にまとめる．また，同表では，信号とスペクトルの連続性・離散性に対する分類も示す．

表 6.1　フーリエ解析

			スペクトル	
			離散	連続
信号	連続 $x(t)$	周期	連続時間フーリエ級数 FS	連続時間フーリエ変換 FT
		非周期	—	
	離散 $x[n]$	周期	離散時間フーリエ級数 DTFS	離散時間フーリエ変換 DTFT
		非周期	離散フーリエ変換 DFT （高速フーリエ変換） FFT	

6-1 離散時間フーリエ級数

　離散時間信号における周期信号 $\tilde{x}[n]$ は

$$\tilde{x}[n] = \tilde{x}[n + N] \qquad (n \text{ は整数})$$

で表される．ただし，N は基本周期である．また，$\Omega_0 = 2\pi/N$ なる Ω_0 を基本角周波数（あるいは単に基本周波数）と呼ぶ．

　離散時間フーリエ級数 (Discrete Time Fourier Series：DTFS) の基

本的な考え方は以下の通りである.

☐ 基本周期 N の**周期信号** $\tilde{x}[n]$ を対象とする.

☐ 周期信号を基本周波数 Ω_0 の複素指数関数 $e^{j\Omega_0 n}$ および調和的な複素指数関数 $e^{jk\Omega_0 n}$ (k は整数) の線形結合で近似する.

☐ 複素指数関数 $e^{jk\Omega_0 n}$ は複素平面での単位円上の値をとり, k について周期的 (基本周期 N) である. つまり

$$e^{j(k+N)\Omega_0 n} = e^{jk\Omega_0 n} \cdot e^{j2\pi n} = e^{jk\Omega_0 n}$$

また, $k = 0, \ldots, N-1$ の異なる k について $e^{jk\Omega_0 n}$ は互いに異なる関数となることに注意されたい.

定義6.1 (離散時間フーリエ級数) 基本周期 N の離散時間周期信号 $\tilde{x}[n]$ の**離散時間フーリエ級数**は

$$\tilde{x}[n] = \sum_{k=0}^{N-1} a_k e^{jk\Omega_0 n} \tag{6.1}$$

で定義される. ここで, a_k を**フーリエ係数** (Fourier coefficient) あるいはスペクトル係数という. なお, $e^{jk\Omega_0 n}$ の周期性より, 上式の総和は, 総和範囲外の1周期分の N 個の値でも同じ値をとるため, このような k を $k = \langle N \rangle$ と記すと

$$\tilde{x}[n] = \sum_{k=\langle N \rangle} a_k e^{jk\Omega_0 n} = \sum_{k=\langle N \rangle} a_k e^{jk(\frac{2\pi}{N})n} \triangleq \sum_{k=\langle N \rangle} a_k W_N^{-nk}$$

ただし,

$$W_N \triangleq e^{-j\frac{2\pi}{N}}$$

であり, 単位円上の一周期を N 等分した点を表す.

一方, フーリエ係数は, 以下で与えられる.

$$a_k = \frac{1}{N} \sum_{n=\langle N \rangle} \tilde{x}[n] e^{-jk\Omega_0 n} = \frac{1}{N} \sum_{n=\langle N \rangle} \tilde{x}[n] e^{-jk(\frac{2\pi}{N})n}$$

$$= \frac{1}{N} \sum_{n=\langle N \rangle} \tilde{x}[n] W_N^{nk}$$

DTFS は式 (6.1) から明らかなように有限個の項の和によって定義されているため収束性の問題はない. これらは連続時間のフーリエ級数では見られない

性質である．以下に DTFS に関する重要な性質を示す．

性質 6.1（フーリエ係数の周期性）　基本周期 N の離散時間周期信号に対する
フーリエ係数 a_k は以下の周期性をもつ．

$$a_{k+N} = a_k$$

性質 6.2（DTFS におけるパーシバルの等式）　基本周期 N の離散時間周期信
号 $\tilde{x}[n]$ とそのフーリエ係数 a_k 間で

$$\frac{1}{N} \sum_{n=\langle N \rangle} |\tilde{x}[n]|^2 = \sum_{k=\langle N \rangle} |a_k|^2$$

が成り立つ．これを DTFS におけるパーシバルの等式 (Parseval's iden-
tity) と呼ぶ．

6·2　離散時間フーリエ変換 (DTFT)

　ここでは，離散時間の**非周期信号**に対する**離散時間フーリエ変換 (Discrete
Time Fourier Transform：DTFT)** を示す．連続時間の場合と同様に，離
散時間フーリエ級数 DTFS から DTFT を導出する．

　離散時間信号 $x[n]$ を $-N_1 \cdots N_1$ で値をもつ有限長の非周期信号とする．ま
た，$|n| > N_1$ に対して $x[n] = 0$ とする．$x[n]$ を図 6.1 に示す．ここで，$x[n]$
を図 6.2 のように基本周期 N で周期的に拡張し，$x_N[n]$ と表す．

$$\lim_{N \to \infty} x_N[n] = x[n]$$

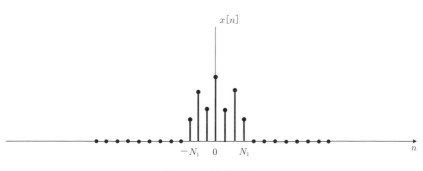

図 **6.1**　非周期信号

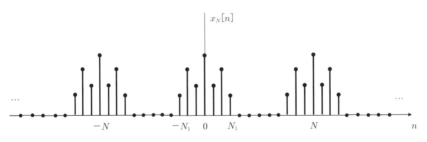

図 **6.2** 周期的に拡張した信号 (周期は N)

$x_N[n]$ を DTFS すると

$$x_N[n] = \sum_{k=\langle N\rangle} a_k e^{jk\Omega_0 n} \qquad \left(\Omega_0 = \frac{2\pi}{N}\right) \tag{6.2}$$

ただし

$$a_k = \frac{1}{N}\sum_{n=\langle N\rangle} x_N[n]e^{-jk\Omega_0 n}$$

いま，$|n| \le N_1$ に対して $x_N[n] = x[n]$ であり，$|n| > N_1$ に対して $x[n] = 0$ であるため

$$a_k = \frac{1}{N}\sum_{n=-N_1}^{N_1} x[n]e^{-jk\Omega_0 n} = \frac{1}{N}\sum_{n=-\infty}^{\infty} x[n]e^{-jk\Omega_0 n}$$

ここで，実数変数 Ω を導入して

$$X(\Omega) \triangleq \sum_{n=-\infty}^{\infty} x[n]e^{-j\Omega n}$$

とすると

$$a_k = \frac{1}{N}X(k\Omega_0)$$

式 (6.2) に代入して

$$x_N[n] = \sum_{k=\langle N\rangle} \frac{1}{N}X(k\Omega_0)e^{jk\Omega_0 n} = \frac{1}{2\pi}\sum_{k=\langle N\rangle} X(k\Omega_0)e^{jk\Omega_0 n}\Omega_0$$

$N \to \infty$ のとき $\Omega_0 \to 0$ となり

$$x[n] = \frac{1}{2\pi}\int_{2\pi} X(\Omega)e^{j\Omega n}d\Omega$$

以下に，離散時間フーリエ変換の定義をまとめる.

定義6.2（離散時間フーリエ変換・逆離散時間フーリエ変換） 離散時間信号を $x[n]$ とする. $x[n]$ の**離散時間フーリエ変換** $X(\Omega)$ は

$$X(\Omega) = \mathrm{DTFT}(x[n]) = \sum_{n=-\infty}^{\infty} x[n] e^{-j\Omega n} \tag{6.3}$$

で定義される. $X(\Omega)$ は連続関数であることに注意されたい.

逆離散時間フーリエ変換 (Inverse DTFT：IDTFT) は，$X(\Omega)$ から $x[n]$ を求めるもので

$$x[n] = \mathrm{IDTFT}(X(\Omega)) = \frac{1}{2\pi} \int_{-\pi}^{\pi} X(\Omega) e^{j\Omega n} d\Omega \tag{6.4}$$

で与えられる.

変数 n，Ω の領域をそれぞれ**時間領域** (time domain)，**周波数領域** (frequency domain) という. $x[n]$ と $X(\Omega)$ を**フーリエ変換 (DTFT) 対** (Fourier transform pair) と呼び

$$x[n] \longleftrightarrow X(\Omega)$$

と記す. $X(\Omega)$ を**周波数スペクトル**（単に**スペクトル** (spectrum)）と呼び，周波数 Ω の複素正弦波成分をどれだけ含むかを示す. また，$X(\Omega)$ は複素関数ゆえ

$$X(\Omega) \triangleq |X(\Omega)| e^{j\phi(\Omega)}$$

とすると，$|X(\Omega)|^2$ を**エネルギースペクトル**，$|X(\Omega)|$ を**振幅スペクトル**，$\phi(\Omega)$ を**位相スペクトル**と呼ぶ. ■

性質6.3（DTFT の収束条件） $X(\Omega)$ の収束の十分条件は，$x[n]$ が絶対総和可能であること，すなわち

$$\sum_{n=-\infty}^{\infty} |x[n]| < \infty$$

■

性質6.4（DTFT の周期性） $e^{-jn\Omega}$ が 2π の周期関数であるため，$X(\Omega)$ は周期 2π の連続周期関数である. つまり

$$X(\Omega) = X(\Omega + 2\pi m) \qquad (m \text{ は整数})$$

この性質より，$-\pi \leq \Omega \leq \pi$ あるいは $0 \leq \Omega \leq 2\pi$ の範囲の値のみに注意すればよい. ■

問 6.1　(1) 単位インパルス信号の DTFT を求めよ.

(2) 図 6.3 の信号の DTFT を求めよ.

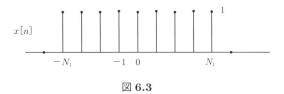

図 **6.3**

6·3　DTFTの性質

表 6.2 に DTFT に関する重要な性質を列挙する. ここで, $x[n] \leftrightarrow X(\Omega)$, $y[n] \leftrightarrow Y(\Omega)$ とする.

表 **6.2**　DTFT の諸性質

性質	離散時間信号	DTFT
線形性	$ax[n] + by[n]$	$aX(\Omega) + bY(\Omega)$
時間シフト	$x[n - N]$	$X(\Omega)e^{-jN\Omega}$
周波数シフト	$x[n]e^{j\Omega_0 n}$	$X(\Omega - \Omega_0)$
複素共役	$\overline{x[n]}$	$\overline{X(-\Omega)}$
時間反転	$x[-n]$	$X(-\Omega)$
微分（周波数）	$(-jn)^k x[n]$	$\dfrac{d^k}{d\Omega^k}X(\Omega)$
総和	$\displaystyle\sum_{k=-\infty}^{n} x[k]$	$\dfrac{X(\Omega)}{1 - e^{-j\Omega}} + \pi X(0)\delta(\Omega)$
畳込み	$x * y$	$X(\Omega)Y(\Omega)$
積算	$x[n]y[n]$	$\dfrac{1}{2\pi}X \otimes Y$ （**定義 6.3** 参照）
パーシバルの等式	$\displaystyle\sum_{n=-\infty}^{\infty} x[n]\overline{y[n]} = \dfrac{1}{2\pi}\int_{-\pi}^{\pi} X(\Omega)\overline{Y(\Omega)}d\Omega$	
	$\displaystyle\sum_{n=-\infty}^{\infty} |x[n]|^2 = \dfrac{1}{2\pi}\int_{-\pi}^{\pi} |X(\Omega)|^2 d\Omega$	

定義 6.3（周期的畳込み）　2つの周期信号 $X(\Omega), Y(\Omega)$（基本周期を 2π）の周期的畳込み (periodic convolution) $X(\Omega) \otimes Y(\Omega)$ は

$$X(\Omega) \otimes Y(\Omega) \triangleq \int_{2\pi} X(\Omega - \theta)Y(\theta)d\theta = \int_{2\pi} X(\theta)Y(\Omega - \theta)d\theta$$

で定義される.

問 6.2　表 6.2 の諸性質を証明せよ.

代表的な関数の DTFT を表 6.3 にまとめる.

表 **6.3**　代表的な **DTFT** 対

離散時間信号	DTFT($|\Omega| \leq \pi$)
$a^n u[n]$　　$(|a| < 1)$	$\dfrac{1}{1 - ae^{-j\Omega}}$
$-a^n u[-n-1]$　　$(|a| > 1)$	$\dfrac{1}{1 - ae^{-j\Omega}}$
$a^{|n|}$　　$(|a| < 1)$	$\dfrac{1 - a^2}{1 - 2a\cos\Omega + a^2}$
$na^n u[n]$　　$(|a| < 1)$	$\dfrac{ae^{-j\Omega}}{(1 - ae^{-j\Omega})^2}$
$-na^n u[-n-1]$　　$(|a| > 1)$	$\dfrac{ae^{-j\Omega}}{(1 - ae^{-j\Omega})^2}$
$\mathrm{rect}_N[n] = \begin{cases} 1 & (|n| \leq N) \\ 0 & \text{その他} \end{cases}$	$\dfrac{\sin\left(N + \frac{1}{2}\right)\Omega}{\sin\frac{1}{2}\Omega}$
$\dfrac{\sin an}{\pi n}$　　$(0 < a < \pi)$	$\mathrm{rect}_a[\Omega] = \begin{cases} 1 & (|\Omega| \leq a) \\ 0 & \text{その他} \end{cases}$
$\delta[n - n_0]$	$e^{-j\Omega n_0}$
$e^{j\Omega_0 n}$　　$(|\Omega_0| \leq \pi)$	$2\pi\delta(\Omega - \Omega_0)$
1	$2\pi\delta(\Omega)$
$u[n]$	$\dfrac{1}{1 - e^{-j\Omega}} + \pi\delta(\Omega)$

6·4　離散フーリエ変換 (DFT)

ここで, **定義 6.2** の DTFT と IDTFT を再考しよう.

$$\text{DTFT}:\ X(\Omega) = \sum_{n=-\infty}^{\infty} x[n]e^{-jn\Omega}$$

$$\text{IDTFT}:\ x[n] = \frac{1}{2\pi}\int_{-\pi}^{\pi} X(\Omega)e^{jn\Omega}d\Omega$$

まず, DTFT では, 総和を無限の範囲で計算しなければならない. また, IDTFT では, 積分計算が必要である. これらをコンピュータを用いて, 計算しようとするときわめて面倒なことになる. 特に無限級数は実質的に計算できないし, 積分は近似計算で求めることになろう.

そこで，**時間領域，周波数領域とも離散化された離散フーリエ変換**（Discrete Fourier Transform：**DFT**）が考え出された．DFT の考え方は，有限の N 個のデータ系列の変換によりフーリエ変換を定義することである．すなわち，離散時間信号 $x[n]$（$n = 0, \ldots, N-1$）と離散化された周波数スペクトル $X[k]$（$k = 0, \ldots, N-1$）間の写像である．

定義 6.4（離散フーリエ変換）　$x[n]$ を長さ N の有限長の信号（データ），すなわち，$0 \leq n \leq N-1$ の範囲外のデータ値は 0 であるとする．$x[n]$ の **N 点 DFT** とは

$$X[k] = \sum_{n=0}^{N-1} x[n] W_N^{nk} \qquad (k = 0, \ldots, N-1)$$

ただし，

$$W_N \triangleq e^{-j\frac{2\pi}{N}}$$

一方，**N 点 IDFT** は以下で定義される．

$$x[n] = \frac{1}{N} \sum_{k=0}^{N-1} X[k] W_N^{-nk} \qquad (n = 0, \ldots, N-1)$$

$x[n]$ と $X[k]$ は **DFT 対**と呼び，$x[n] \overset{\text{DFT}}{\longleftrightarrow} X[k]$ と書く．　∎

ところで，

$$W_N \triangleq \exp\left(-j\frac{2\pi}{N}\right) \triangleq W$$

について考えると，W は 1 の N 乗根[†]，つまり

$$W^N - 1 = (W-1)(W^{N-1} + \cdots + 1) = 0$$

の根であり，$W^0, W^1, \ldots, W^{N-1}$ も 1 の N 乗根となる．また，図 6.4 に示すように，W のべき乗は単位円上の N 等分点の値となる．べき乗の大きさに従い，複素平面を時計回りの順に移動していき，$W^N\,(= W^0 = 1)$ で元の位置に戻る．W に関する関係式をあわせて同図に示す．

[†]　1 の複素 N 乗根，$z^N = 1$ は $z = \cos\frac{2\pi}{N}k + j\sin\frac{2\pi}{N}k = e^{j\frac{2\pi}{N}k}$（$k = 0, \ldots, N-1$）である．$z$ は単位円上の N 等分点となっていることに注意されたい．

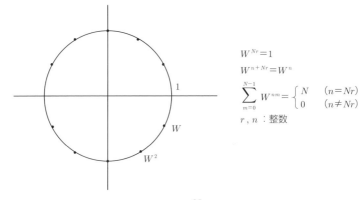

図 **6.4** W^N の性質

6·5 DFTの性質

$x[n] \overset{\mathrm{DFT}}{\longleftrightarrow} X[k], y[n] \overset{\mathrm{DFT}}{\longleftrightarrow} Y[k]$ とし，DFT の諸性質を示す．

(1) 周期性

$X[k]$ は周期 N の周期関数である．

$$X[k + lN] = X[k] \qquad (l \text{ は整数})$$

(2) 線形性

$$ax[n] + by[n] \overset{\mathrm{DFT}}{\longleftrightarrow} aX[k] + bY[k]$$

(3) 巡回シフト (circular shift)

長さ N の基本信号 $x[n]$ とし，$x[n]$ を基本区間とする周期信号を $\tilde{x}[n]$（周期 N）とする．さらにこの信号を m だけシフトした信号 $\tilde{x}[n+m]$ の基本周期部分を切り出した信号 $x[n+m]_N$ とする[†]．これを**巡回シフト信号**といい，その様子を図 6.5 に示す．このとき

$$x[n + m]_N \overset{\mathrm{DFT}}{\longleftrightarrow} W_N^{-km} X[k]$$

[†]　記法 $[n]_N$ は n modulo N を表す．$0 \leq m < N$ に対し $n = kN + m$（k は整数）であるとき，つまり n を N で割ったときの余りが m であるとき，$x[n]_N = x[m]$ である．

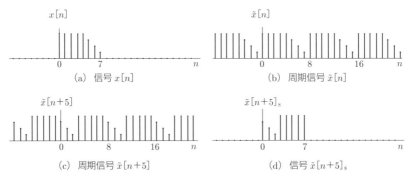

図 **6.5** 巡回シフト信号

(4) 周波数シフト

$$W_N^{km} x[n] \overset{\mathrm{DFT}}{\longleftrightarrow} X[k+m]_N$$

(5) 巡回畳込み (circular convolution)

$x[n]$, $y[n]$ を周期 N の周期関数とするとき，周期区間での畳込みを**巡回畳込み**という[†].

$$x[n] \otimes y[n] \triangleq \sum_{m=0}^{N-1} x[n-m]_N y[m] = \sum_{m=0}^{N-1} x[m]y[n-m]_N$$

$$x \otimes y \overset{\mathrm{DFT}}{\longleftrightarrow} X[k]Y[k]$$

(6) 複素共役

$$\overline{x[n]} \overset{\mathrm{DFT}}{\longleftrightarrow} \overline{X[-k]_N}$$

(7) パーシバルの等式

$$\sum_{n=0}^{N-1} |x[n]|^2 = \frac{1}{N} \sum_{k=0}^{N-1} |X[k]|^2$$

問 6.3 DFT と DTFS の関係，および DFT と DTFT の関係を述べよ．

問 6.4 本節で示した DFT の性質を証明せよ．

[†] **定義 6.3** の周期的畳込みの畳込み和形式でもある．

演習問題

(1) 離散時間信号 $x[n]$ を

$$x[n] = \sum_{k=-\infty}^{\infty} \delta[n - 4k]$$

と定める．この $x[n]$ を図示せよ．また，$x[n]$ を離散時間フーリエ級数展開したときのフーリエ係数 a_k を求めよ．

(2) 次の信号 $x[n]$ の離散時間フーリエ変換 DTFT を求めよ．

$$x[n] = \left(\frac{1}{2}\right)^{|n|}$$

(3) 図 6.6 で定義された矩形パルス形のスペクトル

$$X(\Omega) = \begin{cases} 1 & (|\Omega| \leq W) \\ 0 & (W < |\Omega| \leq \pi) \end{cases}$$

について，以下の問に答えよ．

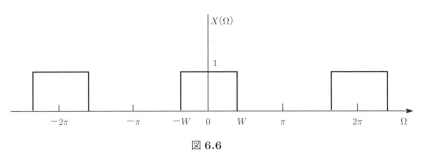

図 **6.6**

   (i) $X(\Omega)$ を逆離散時間フーリエ変換 (IDTFT) して，$x[n]$ を求めよ．
   (ii) $W = \pi/4$ のとき，$x[n]$ を図示せよ．

(4) 以下の離散時間信号 $x[n]$ を図示せよ．また，その N 点離散フーリエ変換 DFT を求め，図示せよ．
   (i) $x[n] = \delta[n]$
   (ii) $x[n] = u[n] - u[n - N]$

(5) 以下の式で与えられる長さ 4 の信号 $x[n]$, $h[n]$ について，次の問 (i)(ii) に答えよ．

$$x[n] = \cos\left(\frac{\pi}{2}n\right) \qquad (n = 0, 1, 2, 3)$$

$$h[n] = \left(\frac{1}{2}\right)^n \qquad (n = 0, 1, 2, 3)$$

(i)　巡回畳込みを用いて $y[n] = x[n] \otimes h[n]$ を直接，計算せよ.

(ii)　離散フーリエ変換を用いて $y[n]$ を求めよ.

第7章　高速フーリエ変換

　本章では**高速フーリエ変換** (**Fast Fourier Transform：FFT**) について述べる．FFT について注意すべきは，FFT が離散フーリエ変換 (DFT) を計算するアルゴリズムであり，フーリエ解析の別のタイプの変換では決してない，という点である．FFT は 1965 年にはじめて Cooley と Tukey によって提案され，計算パワーが小さく，またメモリも多く使えない当時のコンピュータにとっては画期的な提案であった．これを契機にコンピュータを活用したディジタル信号処理が発展したのである．

　以下では，N 点 DFT を素直に解いたときの計算量をまず考えた後，FFT の説明に入る．

7·1　DFTの計算量

　第 6 章で示した N 点 DFT と N 点 IDFT の定義を再び示す．

$$\text{DFT: } \text{DFT}[x[n]] = X[k] = \sum_{n=0}^{N-1} x[n] W_N^{nk} \qquad (k = 0, 1, \ldots, N-1)$$

ただし，

$$W_N \triangleq e^{-j\frac{2\pi}{N}}$$

$$\text{IDFT: } \text{IDFT}[X[k]] = x[n] = \frac{1}{N} \sum_{k=0}^{N-1} X[k] W_N^{-nk}$$

$$(n = 0, 1, \ldots, N-1)$$

　ここで，DFT の行列表現を考える．まず，N 次元の信号（データ）系列と N 次元 DFT 係数系列をそれぞれ列ベクトル $\mathbf{x_N}$，$\mathbf{X_N}$ で表す．

$$\mathbf{x_N} \triangleq \begin{pmatrix} x[0] \\ \vdots \\ x[N-1] \end{pmatrix}, \qquad \mathbf{X_N} \triangleq \begin{pmatrix} X[0] \\ \vdots \\ X[N-1] \end{pmatrix}$$

k 行 n 列の要素を $W_N^{(k-1)\cdot(n-1)}$ とする $N \times N$ の正方行列を変換行列

$$\mathbf{F_N} \triangleq \left(W_N^{k \cdot n} \right)$$

という．このとき DFT は

$$\mathbf{X_N} = \mathbf{F_N x_N}$$

$$\begin{bmatrix} X[0] \\ X[1] \\ \vdots \\ X[N-1] \end{bmatrix} = \begin{bmatrix} W_N^{0\cdot0} & W_N^{0\cdot1} & \cdots & W_N^{0\cdot(N-1)} \\ W_N^{1\cdot0} & W_N^{1\cdot1} & \cdots & W_N^{1\cdot(N-1)} \\ \vdots & & & \vdots \\ W_N^{(N-1)\cdot0} & W_N^{(N-1)\cdot1} & \cdots & W_N^{(N-1)^2} \end{bmatrix} \begin{bmatrix} x[0] \\ x[1] \\ \vdots \\ x[N-1] \end{bmatrix}$$

と書ける．明らかに $\mathbf{F_N}$ は対称行列である．

　それでは上式を対象に，N 点 DFT の計算量を考えよう．ある k について $X[k]$ を求めるとき N 回の複素乗算と $(N-1)$ 回の複素加算が必要となる．よって，すべての $k = 0, \ldots, N-1$ について $X[k]$ を求めるには，N^2 回の複素乗算，$N(N-1)$ 回の複素加算を要する．明らかに計算量のオーダーは，$O(N^2)$ となる．同様に，IDFT も

$$\mathbf{x_N} = \mathbf{F_N^{-1} X_N}$$

となるため，計算量は $O(N^2)$ となる．ちなみに，$N = 2^{10} = 1\,024$ なら $N^2 \simeq 10^6$ となる．

🔵 **7.1**　変換行列の逆行列が

$$\mathbf{F_N^{-1}} = \frac{1}{N}\overline{\mathbf{F_N}}$$

となることを示せ．ただし，$\overline{\mathbf{F_N}}$ は $\mathbf{F_N}$ の複素共役行列である．

🔵 **7.2**　4 点 DFT，IDFT の変換行列 $\mathbf{F_4}$，$\mathbf{F_4^{-1}}$ を求め，4 点からなる離散時間信号

$$x[n] = (0, 1, 2, 3)^T$$

の DFT，IDFT を計算せよ．

7·2　FFTの考え方

　FFT は Cooley-Tukey アルゴリズムとも呼ばれ，アルゴリズムの設計戦略は**分割統治 (Divide and Conquer) 法**に属する．分割統治法とは，原問題を小規模な部分問題に分割し，それらを解いて得られた解を統合して原問題の解を得ようとするものである．ソーティングで有名なクイックソートは分割統治法の代表的な例である．

　FFT のキーとなるアイデアは，回転因子 (twiddle factor) と呼ばれる W_N の巡回的性質[†]に着目して，部分問題にしていくことである．図 7.1 のように，N 点 DFT が，2 回の $N/2$ 点 DFT に分割され，さらに $N/4$ 点 DFT に分割され，最終的に 2 点 DFT の計算に帰着させるのである．結論をいうと，FFT の計算量は $O(N \log N)$ である．$N = 2^{10} = 1024$ なら $N \log_2 N \simeq 10^4$ となる．

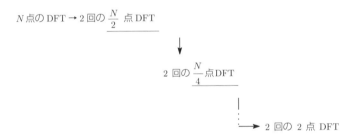

図 **7.1**　**FFT** のアイデア

　以下の節では，**時間間引き FFT (decimation-in-time FFT) アルゴリズム**と**周波数間引き FFT (decimation-in-frequency FFT) アルゴリズム**について述べる．

7·3　時間間引きFFTアルゴリズム

　時間間引きは信号系列を分割していくアルゴリズムである．ここでは，信号系列の要素数（ベクトルの次元数）を $N = 2^c$ (c：整数) と仮定する．つまり N

[†]　複素平面の単位円上で $W_N^0 = 1$ を始点に単位円の N 等分点を時計回りに進み，W_N^N で始点に戻る．

を 2 のべき乗とする. $x[0], \ldots, x[N-1]$ を信号系列とし, これを以下の (1)(2) の 2 つの系列に分解する.

(1)　偶数番目のサンプルからなる長さ $N/2$ の信号系列を

$$x[0], x[2], \ldots \triangleq x_e[0], \ldots, x_e\left[\frac{N}{2}-1\right] \qquad (ただし,\ x_e[n] \triangleq x[2n])$$

とし, $x_e[n]$ $(n = 0, \ldots, \frac{N}{2}-1)$ の DFT は以下のようになる.

$$X_E[k] = \sum_{n=0}^{N/2-1} x_e[n] W_{N/2}^{nk}$$

$$= \sum_{m=0}^{N/2-1} x[2m] W_{N/2}^{mk}$$

$$= \sum_{m=0}^{N/2-1} x[2m] W_N^{2mk} \qquad \left(k = 0, \ldots, \frac{N}{2}-1\right) \tag{7.1}$$

なぜなら $W_{N/2} = e^{-j\frac{2\pi}{N/2}} = e^{-j\frac{2\pi}{N}\cdot 2} = W_N^2$

(2)　奇数番目のサンプルからなる長さ $N/2$ の信号系列を

$$x[1], x[3], \ldots \triangleq x_o[0], \ldots, x_o\left[\frac{N}{2}-1\right]$$

$(ただし,\ x_o[n] \triangleq x[2n+1])$

$$X_O[k] = \sum_{n=0}^{N/2-1} x_o[n] W_{N/2}^{nk}$$

$$= \sum_{m=0}^{N/2-1} x[2m+1] W_{N/2}^{km}$$

$$= \sum_{m=0}^{N/2-1} x[2m+1] W_N^{2km} \qquad \left(k = 0, \ldots, \frac{N}{2}-1\right) \tag{7.2}$$

元の信号系列 $x[n]$ の DFT の値 $X[k]$ は

$$X[k] = \sum_{n=0}^{N-1} x[n] W_N^{kn}$$

$$= \sum_{n \text{が偶数}} x[n] W_N^{kn} + \sum_{n \text{が奇数}} x[n] W_N^{kn}$$

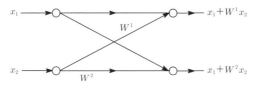

図 **7.2** バタフライ演算

$$
= \sum_{m=0}^{N/2-1} x[2m] W_N^{2km} + \sum_{m=0}^{N/2-1} x[2m+1] W_N^{k(2m+1)}
$$

$$
= \sum_{m=0}^{N/2-1} x[2m] W_N^{2km} + W_N^k \sum_{m=0}^{N/2-1} x[2m+1] W_N^{2km}
$$

$$
(k = 0, \ldots, N-1) \tag{7.3}
$$

$X_E[k], X_O[k]$ は $(N/2)$ 点 DFT なので，周期 $N/2$ の周期関数になる．すなわち

$$
\begin{cases}
X_E[k] = X_E\left[k + \dfrac{N}{2}\right] \\[2mm]
X_O[k] = X_O\left[k + \dfrac{N}{2}\right]
\end{cases}
\quad \left(k = 0, 1, \ldots, \dfrac{N}{2} - 1\right)
$$

この関係より，式 (7.3) を $X_E[k], X_O[k]$ で表すと

$$
X[k] = X_E[k] + W_N^k X_O[k] \qquad \left(k = 0, \ldots, \dfrac{N}{2} - 1\right) \tag{7.4}
$$

$$
X\left[k + \dfrac{N}{2}\right] = X_E\left[k + \dfrac{N}{2}\right] + W_N^{k+\frac{N}{2}} X_O\left[k + \dfrac{N}{2}\right]
$$

$$
= X_E[k] - W_N^k X_O[k] \qquad \left(k = 0, \ldots, \dfrac{N}{2} - 1\right) \tag{7.5}
$$

これらの式は，N 点 DFT が 2 つの $N/2$ 点 DFT に分解されたことを示す．分解された DFT をさらに分解することにより，より少ない点の DFT になっていく．この手法は時間領域の信号系列 $x[0], \ldots, x[N-1]$ を分割するので時間間引き FFT と呼ばれている．

さて，FFT の実現は図 7.2 のような**バタフライ (butterfly) 演算**を基本とする**信号フローグラフ (signal flow graph)** で実現される．バタフライ演算

では左側が入力信号系列で, 右側が出力信号系列となり, 左側から右側に信号が流れる. 同図で入力信号系列の上側を x_1, 下側を x_2 とするとき, 出力信号系列は上側 $x_1 + W^1 x_2$, 下側 $x_1 + W^2 x_2$ となる.

図 7.3 に 8 点 DFT の分解過程を示す. また, 図 7.4 に時間間引き FFT の信号フローグラフを示す. 図 7.4 を注意してみると, 出力側の DFT 係数系列は数字順, $X[0]$ から $X[7]$ と並んでいるのに対し, 入力側の信号系列は, $x[0], x[4], x[2], x[6], x[1], x[5], x[3], x[7]$ の順に並んでいる. この並びは, ビット反転順 (bit reverse order) と呼ばれているもので, 次のように定義される.

M ビットの 2 進数を $v = (n_{M-1}, n_{M-2}, \ldots, n_2, n_1, n_0)$ とし, ビット反転順を $v^{\mathbb{R}} = (n_0, n_1, n_2, \ldots, n_{M-2}, n_{M-1})$ と記す. 3 ビットの 2 進数 (10 進数では 0 から 7) のビット反転順を表 7.1 に示す.

表 **7.1** ビット反転順

10 進数	v	$v^{\mathbb{R}}$	10 進数
0	000	000	0
1	001	100	4
2	010	010	2
3	011	110	6
4	100	001	1
5	101	101	5
6	110	011	3
7	111	111	7

図 7.4 のバタフライ演算を図 7.5 のように等価変形すると, 2 回の複素乗算が 1 回の複素乗算で済むようになる. そうすると, 図 7.4 は図 7.6 に簡単化できる.

例えば, 長さ 8 の離散時間信号

$$\mathbf{x_8} \triangleq (x[0], x[1], x[2], x[3], x[4], x[5], x[6], x[7])^T$$
$$= (1, 1, -1, -1, 0, 1, -1, 0)^T$$

をビット反転順に並べると

$$(x[0], x[4], x[2], x[6], x[1], x[5], x[3], x[7])^T \triangleq (1, 0, -1, -1, 1, 1, -1, 0)^T$$

となる. 図 7.6 の信号フローグラフに入力すると,

$$\mathbf{X_8} \triangleq (X[0], X[1], X[2], X[3], X[4], X[5], X[6], X[7])^T$$

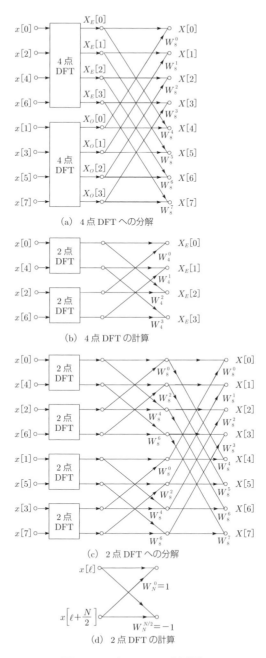

(a) 4点 DFT への分解

(b) 4点 DFT の計算

(c) 2点 DFT への分解

(d) 2点 DFT の計算

図 7.3　8点 DFT の分解過程

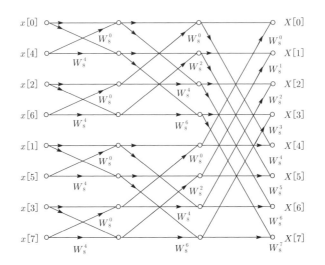

図 **7.4** 時間間引き **FFT** の信号フローグラフ ($N = 8$)

図 **7.5** 簡単化のためのバタフライ演算の等価変換

$$= \left(0, \left(1 + \frac{1}{\sqrt{2}} \right) + \frac{1}{\sqrt{2}} j, 3 - 3j, \left(1 - \frac{1}{\sqrt{2}} \right) + \frac{1}{\sqrt{2}} j, -2, \right.$$

$$\left. \left(1 - \frac{1}{\sqrt{2}} \right) - \frac{1}{\sqrt{2}} j, 3 + 3j, \left(1 + \frac{1}{\sqrt{2}} \right) - \frac{1}{\sqrt{2}} j \right)^T$$

$x[0], \ldots, x[7]$ が実信号(実数)なので $X[7] = \overline{X[1]}$, $X[6] = \overline{X[2]}$, $X[5] = \overline{X[3]}$. 一般に,$x[n]$ が実信号なら $X[N - k] = \overline{X[k]}$ となることに注意されたい.

最後に,時間間引き FFT の計算量を考察しよう.信号系列長 $N = 2^c$ とすると,信号フロー図は,データの2分割を繰り返すので,合計 $c\,(= \log_2 N)$ ステップの段数で信号を変換する.各ステップで $N/2$ 回の複素乗算,N 回の複素加算を要するため全部で複素乗算 $(N/2) \log_2 N$ 回,複素加算 $N \log_2 N$ 回を要する.したがって,時間間引き FFT の計算量は $O\,(N \log N)$ となる.

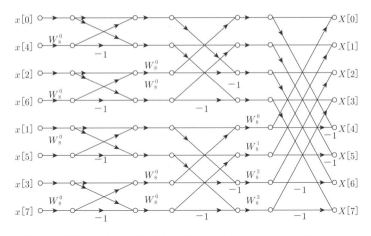

図 **7.6**　簡単化された時間間引き **FFT** の信号フローグラフ ($N = 8$)

🔲 **7.3**　4 点 FFT の信号フローグラフを示し，問 7.2 の結果と一致すること
を確かめよ.

7·4　周波数間引き FFT アルゴリズム

　本節では，周波数間引き FFT を説明する．先と同様に信号系列 $x[n]$ ($n = 0, \ldots, N-1$) の長さ N が 2 のべき乗と仮定する.

　DFT の定義式の総和を前半と後半に分割する.

$$
\begin{aligned}
X[k] &= \sum_{n=0}^{N-1} x[n] W_N^{nk} \\
&= \sum_{m=0}^{\frac{N}{2}-1} x[m] W_N^{mk} + \sum_{m=\frac{N}{2}}^{N-1} x[m] W_N^{mk}
\end{aligned}
\tag{7.6}
$$

　第 2 項を変形すると

$$
\begin{aligned}
第 2 項 &= x\left[\frac{N}{2}\right] W_N^{k\frac{N}{2}} + x\left[\frac{N}{2}+1\right] W_N^{k\left(\frac{N}{2}+1\right)} + \cdots \\
&\quad + x\left[\frac{N}{2}+\left(\frac{N}{2}-1\right)\right] W_N^{k(N-1)}
\end{aligned}
$$

$$= \sum_{m=0}^{\frac{N}{2}-1} x\left[m+\frac{N}{2}\right] W_N^{k\left(\frac{N}{2}+m\right)}$$

$$= W_N^{k\frac{N}{2}} \sum_{m=0}^{\frac{N}{2}-1} x\left[m+\frac{N}{2}\right] W_N^{km}$$

よって，式 (7.6) は次式になる.

$$X[k] = \sum_{m=0}^{\frac{N}{2}-1}\left(x[m]+W_N^{k\frac{N}{2}} x\left[m+\frac{N}{2}\right]\right) W_N^{km} \qquad (k=0,\dots,N-1)$$

$$(7.7)$$

ここで，偶数および奇数の k に着目して 2 つの $N/2$ 点 DFT を考える.

(1) 偶数，$k=2\ell$ の場合

$$X[2\ell] = \sum_{m=0}^{\frac{N}{2}-1}\left(x[m]+W_N^{\ell N} x\left[m+\frac{N}{2}\right]\right) W_N^{2\ell m}$$

$$= \sum_{m=0}^{\frac{N}{2}-1}\left(x[m]+x\left[m+\frac{N}{2}\right]\right) W_{\frac{N}{2}}^{\ell m}$$

$$\triangleq \sum_{m=0}^{\frac{N}{2}-1} g[m] W_{\frac{N}{2}}^{\ell m} \qquad \left(\ell=0,\dots,\frac{N}{2}-1\right) \tag{7.8}$$

なぜなら

$$W_N^{\ell N} = e^{-j\frac{2\pi}{N}\cdot \ell N} = e^{-j\cdot 2\pi\ell}$$

$$= \cos(2\pi\ell) - j\sin(2\pi\ell) = 1 \qquad (\ell \text{ は整数})$$

(2) 奇数，$k=2\ell+1$ の場合

$$X[2\ell+1] = \sum_{m=0}^{\frac{N}{2}-1}\left(x[m]+W_N^{\ell N+\frac{N}{2}} x\left[m+\frac{N}{2}\right]\right) W_N^{(2\ell+1)m}$$

$$= \sum_{m=0}^{\frac{N}{2}-1}\left(x[m]-x\left[m+\frac{N}{2}\right]\right) W_{\frac{N}{2}}^{\ell m}\cdot W_N^{m}$$

$$\triangleq \sum_{m=0}^{\frac{N}{2}-1} h[m] W_{\frac{N}{2}}^{\ell m}\cdot W_N^{m} \qquad \left(\ell=0,\dots,\frac{N}{2}-1\right) \tag{7.9}$$

なぜなら

$$W_N^{\ell N + \frac{N}{2}} = e^{-j\frac{2\pi}{N}\cdot\left(\ell N + \frac{N}{2}\right)} = e^{-j(2\pi\ell+\pi)}$$

$$= \cos(2\pi\ell + \pi) - j\sin(2\pi\ell + \pi) = -1$$

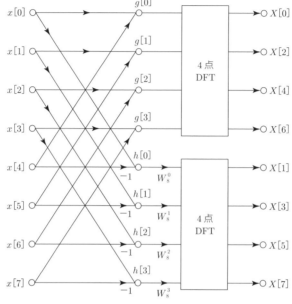

図 7.7　4 点 DFT への分解

このように N 点 DFT が 2 個の $N/2$ 点 DFT に分割される．このアルゴリズムは周波数領域の DFT 係数系列 $X[k]$ を分割するので周波数間引きという．図 7.7, 図 7.8 に，周波数間引き FFT における 8 点 DFT の 4, 2 点 DFT への分解過程を示す．図 7.9 は 2 点 DFT の信号フローグラフである．周波数間引き FFT の信号フローグラフを図 7.10 に示す．なお，計算量は時間間引き FFT と同様に $O(N \log N)$ である．

7·5　FFT の行列表現　

以下では周波数間引き FFT の行列表現を考えよう．4 点 DFT の行列表現は

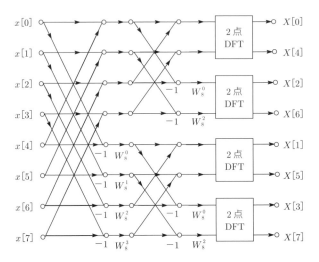

図 7.8　2 点 DFT への分解

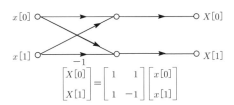

図 7.9　2 点 DFT の信号フローグラフ

$$
\begin{bmatrix} X[0] \\ X[1] \\ X[2] \\ X[3] \end{bmatrix}
=
\begin{bmatrix}
W_4^0 & W_4^0 & W_4^0 & W_4^0 \\
W_4^0 & W_4^1 & W_4^2 & W_4^3 \\
W_4^0 & W_4^2 & W_4^4 & W_4^6 \\
W_4^0 & W_4^3 & W_4^6 & W_4^9
\end{bmatrix}
\begin{bmatrix} x[0] \\ x[1] \\ x[2] \\ x[3] \end{bmatrix}
$$

DFT 係数系列 $X[k]$ をビット反転順に並び換え，それにあわせて変換行列の 2 行目と 3 行目を入れ替える．

$$
\begin{bmatrix} X[0] \\ X[2] \\ X[1] \\ X[3] \end{bmatrix}
=
\begin{bmatrix}
W_4^0 & W_4^0 & W_4^0 & W_4^0 \\
W_4^0 & W_4^2 & W_4^4 & W_4^6 \\
W_4^0 & W_4^1 & W_4^2 & W_4^3 \\
W_4^0 & W_4^3 & W_4^6 & W_4^9
\end{bmatrix}
\begin{bmatrix} x[0] \\ x[1] \\ x[2] \\ x[3] \end{bmatrix}
$$

$W_N^{nk} = W_N^{nk\%N}$（$nk\%N$ は nk を N で割った余り）に注意して

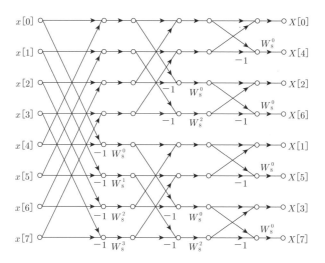

図 **7.10** 周波数間引き **FFT** の信号フローグラフ ($N = 8$)

$$
\begin{bmatrix} X[0] \\ X[2] \\ X[1] \\ X[3] \end{bmatrix} = \begin{bmatrix} W_4^0 & W_4^0 & W_4^0 & W_4^0 \\ W_4^0 & W_4^2 & W_4^0 & W_4^2 \\ W_4^0 & W_4^1 & W_4^2 & W_4^3 \\ W_4^0 & W_4^3 & W_4^2 & W_4^1 \end{bmatrix} \begin{bmatrix} x[0] \\ x[1] \\ x[2] \\ x[3] \end{bmatrix}
$$

$$
\mathbf{F}_4 \triangleq \left[\begin{array}{cc|cc} W_4^0 & W_4^0 & W_4^0 & W_4^0 \\ W_4^0 & W_4^2 & W_4^0 & W_4^2 \\ \hline W_4^0 & W_4^1 & W_4^2 & W_4^3 \\ W_4^0 & W_4^3 & W_4^2 & W_4^1 \end{array} \right]
$$

また，$W_N^{2k} = W_{\frac{N}{2}}^k$ を考慮して

$$
\hat{\mathbf{F}}_2 \triangleq \begin{bmatrix} W_2^0 & W_2^0 \\ W_2^0 & W_2^1 \end{bmatrix} = \begin{bmatrix} 1 & 1 \\ 1 & -1 \end{bmatrix}, \qquad \mathbf{G}_2 \triangleq \begin{bmatrix} W_4^0 & 0 \\ 0 & W_4^1 \end{bmatrix}
$$

とすると

$$
\mathbf{F}_4 = \begin{bmatrix} \hat{\mathbf{F}}_2 & \hat{\mathbf{F}}_2 \\ \hat{\mathbf{F}}_2\mathbf{G}_2 & -\hat{\mathbf{F}}_2\mathbf{G}_2 \end{bmatrix}
$$

$$= \begin{bmatrix} \hat{\mathbf{F}}_2 & \mathbf{O}_2 \\ \mathbf{O}_2 & \hat{\mathbf{F}}_2 \end{bmatrix} \begin{bmatrix} \mathbf{I}_2 & \mathbf{O}_2 \\ \mathbf{O}_2 & \mathbf{G}_2 \end{bmatrix} \begin{bmatrix} \mathbf{I}_2 & \mathbf{I}_2 \\ \mathbf{I}_2 & -\mathbf{I}_2 \end{bmatrix}$$

$(\mathbf{O}_2：二次の零行列，\ \mathbf{I}_2：二次の単位行列)$

$$= \left[\begin{array}{cc|cc} 1 & 1 & 0 & 0 \\ 1 & -1 & 0 & 0 \\ \hline 0 & 0 & 1 & 1 \\ 0 & 0 & 1 & -1 \end{array} \right] \left[\begin{array}{cc|cc} 1 & 0 & 0 & 0 \\ 0 & 1 & 0 & 0 \\ \hline 0 & 0 & W_4^0 & 0 \\ 0 & 0 & 0 & W_4^1 \end{array} \right] \left[\begin{array}{cc|cc} 1 & 0 & 1 & 0 \\ 0 & 1 & 0 & 1 \\ \hline 1 & 0 & -1 & 0 \\ 0 & 1 & 0 & -1 \end{array} \right]$$

$$\qquad\qquad\quad (3) \qquad\qquad\qquad\quad (2) \qquad\qquad\qquad\quad (1)$$

図 7.11 行列表現に対応する信号フローグラフ

問 7.4 8 点 FFT を行列表現せよ.

7·6 FFT を利用した IDFT

これまでに, FFT を用いた DFT の計算アルゴリズム, つまり DFT の順変換を議論してきたが, 逆変換 IDFT も計算できる[†].

N 点 IDFT の定義式は

$$x[n] = \frac{1}{N} \sum_{k=0}^{N-1} X[k] W_N^{-nk} \qquad (n = 0, \dots, N-1)$$

[†] FFT を用いた IDFT の計算を IFFT と呼ぶ場合もある.

両辺の複素共役をとると

$$\overline{x[n]} = \overline{\left[\frac{1}{N}\sum_{k=0}^{N-1}X[k]W_N^{-nk}\right]}$$

$$= \frac{1}{N}\sum_{k=0}^{N-1}\overline{X[k]}W_N^{nk} \tag{7.10}$$

　式 (7.10) の総和の部分は，$\overline{X[k]}$ を信号とみなすと，DFT の計算式に一致する．したがって，IDFT も FFT 計算に帰着させることが可能である．FFT を用いた IDFT 計算アルゴリズムを以下に与える．

入力：DFT 係数系列 $X[0], \ldots, X[N-1]$

出力：信号系列 $x[0], \ldots, x[N-1]$

step1)　$X[k]$ の共役 $\overline{X[k]}$ をとり，$\overline{X[k]}/N$ を求める．

step2)　$\overline{X[k]}/N$ を入力として FFT で $\overline{x[n]}$ を計算する．

step3)　複素共役をとって $x[n]$ を計算する．ただし，$x[n] = \overline{\left[\sum_{k=0}^{N-1}\frac{\overline{X[k]}}{N}W_N^{nk}\right]}$

問 7.5　問 7.2 の信号系列の DFT 係数系列に対し，FFT による IDFT を適用し，元の信号系列になることを確かめよ．

7·7　実信号に対する効率的な DFT 計算

　信号値が実数である実信号に対しては，原信号の系列長の半分の系列長の DFT 計算で原信号の DFT が計算できる．以下に示す．

　系列長 $2N$ の実信号 $x[0], x[1], \ldots, x[2N-1]$ が与えられたとき，次のような系列長 N の複素信号 $z[n]$ をつくる．

$$z[n] = x[2n] + jx[2n+1] \qquad (n = 0, \ldots, N-1) \tag{7.11}$$

ここで，信号 $z[n]$ の N 点 DFT を $Z[k]$ $(k = 0, \ldots, N-1)$ とすると

$$Z[k] = \sum_{n=0}^{N-1}z[n]W_N^{nk} = \sum_{n=0}^{N-1}(x[2n] + jx[2n+1])W_N^{nk} \tag{7.12}$$

k を $N-k$ とおき，複素共役をとると

$$\overline{Z[N-k]} = \sum_{n=0}^{N-1} \overline{z[n]}\,\overline{W_N^{n(N-k)}}$$

$$= \sum_{n=0}^{N-1} \overline{z[n]}\,W_N^{-n(N-k)}$$

$$= \sum_{n=0}^{N-1} \overline{z[n]}\,W_N^{nk} \tag{7.13}$$

さて，系列長 $2N$ の原信号の $2N$ 点 DFT は

$$X[k] = \sum_{n=0}^{2N-1} x[n]W_{2N}^{nk}$$

$$= \sum_{n\,\text{が偶数}} x[n]W_{2N}^{nk} + \sum_{n\,\text{が奇数}} x[n]W_{2N}^{nk}$$

$$= \sum_{n=0}^{N-1} x[2n]W_{2N}^{2nk} + \sum_{n=0}^{N-1} x[2n+1]W_{2N}^{(2n+1)k}$$

$$= \sum_{n=0}^{N-1} x[2n]W_N^{nk} + W_{2N}^{k} \sum_{n=0}^{N-1} x[2n+1]W_N^{nk}$$

$$(k = 0, \ldots, 2N-1) \quad (7.14)$$

ここで

$$Z_+[k] \triangleq Z[k] + \overline{Z[N-k]} = \sum_{n=0}^{N-1} (z[n] + \overline{z[n]})W_N^{nk}$$

$$= 2\sum_{n=0}^{N-1} x[2n]W_N^{nk} \tag{7.15}$$

$$Z_-[k] \triangleq Z[k] - \overline{Z[N-k]} = \sum_{n=0}^{N-1} (z[n] - \overline{z[n]})W_N^{nk}$$

$$= 2j\sum_{n=0}^{N-1} x[2n+1]W_N^{nk} \tag{7.16}$$

とおくと，式 (7.14) は

$$X[k] = \frac{1}{2}Z_+[k] + \frac{1}{2j}Z_-[k]W_{2N}^{k}$$

$$= \frac{1}{2}Z_+[k] - \frac{j}{2}Z_-[k]W_{2N}^k \qquad (7.17)$$

となり，$2N$ の系列長の信号を直接 DFT 計算するコストのおよそ半分に削減
できる．

演習問題

(1) 時間間引き FFT について，以下の問に答えよ．ただし，以下において N は 2 のべき乗であり，かつ $N \geq 4$ とする．

  (i) N 点 DFT を時間間引き FFT で計算する際に必要となる複素乗算の回数を C_N とする．C_N と $C_{\frac{N}{2}}$ の関係を導出せよ．

  (ii) 時間間引き FFT において，N 点 DFT が 4 点 DFT まで分割された段階で，計算法を定義式の直接計算に変更するものとする．4 点 DFT の直接計算では，必要な複素乗算の回数を 1 回に抑えることができる（すなわち $C_4 = 1$）．その方法を説明せよ．

  (iii) 問 (ii) の条件の下で C_N を具体的に求めよ（N の式として表せ）．

(2) 離散時間の周期信号

$$x[n] = \sum_{k=-\infty}^{\infty} \Big(\delta[n-4k] + \delta[n-4k-1] - \delta[n-4k-2] \Big)$$

について以下の問に答えよ．

  (i) $x[n]$ を図示し，基本周期を求めよ．

  (ii) $x[n]$ を離散時間フーリエ級数展開し，フーリエ係数を求めよ．

  (iii) $x[n]$ から $0 \leq n < 8$ の範囲を抜き出した長さ 8 の信号を $x_d[n]$ $(n = 0,\ldots,7)$ とする．$x_d[n]$ を求め，図示せよ．

  (iv) 問 (iii) の信号 $x_d[n]$ に対し，周波数間引き FFT のフローグラフを用いて 8 点 DFT を実行し，DFT 係数を求めよ．

  (v) 問 (iv) と同じフローグラフを用いて逆 DFT を行うことにより，問 (iv) の DFT 係数から問 (iii) の信号が求まることを示せ．

(3) 離散時間信号 $x[n] = \cos\left(\frac{\pi n}{4}\right)$ $(n = 0,1,\ldots,31)$ について以下の問に答えよ．

  (i) 32 点 DFT を求めよ．

  (ii) FFT を用いて計算すると，どの程度，計算の手間が削減されるか述べよ．

(4) 20 kHz のレートで音声信号をサンプリングしリアルタイム処理するものとする．この処理には，4096 個の音声サンプルのブロックの収集，4096 点 DFT，4096 点 IDFT の計算が含まれる．実数の乗算 1 回につき $\frac{5}{6}\,\mu$s を要する場合，DFT と IDFT の計算以外で残されている時間はいくらか．ただし，DFT と IDFT の実行に際して乗算以外の計算時間は無視できるとする．

(5) リアルタイムに観測される音声信号 $x[n]$ $(n = 0, 1, 2, \ldots)$ を長さ N （N は 2 のべき乗）のブロックに分割し，ブロックごとに処理を行う．すなわち，i 番目のブロックを

$$B_i = (\, x[(i-1)N], \ x[(i-1)N+1], \ldots, \ x[iN-1] \,)$$

として，$x[iN-1]$ が観測された時点でただちに B_i に対する処理を開始し，ブロック

$$B_i' = (\, y[(i-1)N], \ y[(i-1)N+1], \ldots, \ y[iN-1] \,) \qquad (i = 1, 2, \ldots)$$

を出力する．以上を繰り返すことにより出力信号 $y[n]$ $(n = 0, 1, 2, \ldots)$ を得る．ブロックごとの処理は，(a) B_i を N 点 DFT して $X[k]$ $(k = 0, 1, \ldots, N-1)$ を取得，(b) $Y[k] = \cos\left(\frac{\pi k}{N}\right) e^{-j\frac{\pi k}{N}} X[k]$ を計算，(c) $Y[k]$ $(k = 0, 1, \ldots, N-1)$ を N 点 IDFT して B_i' を取得，の 3 つからなる．このうち (a) および (c) の実行には複素乗算 1 回につき 2^{-16} s を要し，それ以外の計算時間はすべて無視できるとする．一方，(b) の実行には，各 k について 3×2^{-15} s の計算時間を要する．$x[n]$ のサンプリングレートが 2^{12} Hz であるとき，以下の問に答えよ．

(i) 上記の処理が成立するためには，(a)(b)(c) の計算時間の合計は何 s 以下である必要があるか．

(ii) (a)(c) をそれぞれの定義式の直接計算により実行するものとすると，上記の処理を成立させるためには N がどのような条件を満たす必要があるか．また，(a)(c) に FFT アルゴリズムを適用する場合ではどうか．

(iii) 次の信号について，その N 点 DFT を求めよ．

$$h[n] = \begin{cases} \dfrac{1}{2} & (n = 0, 1) \\ 0 & (n = 2, \ldots, \ N-1) \end{cases}$$

(iv) (b) は，時間領域においてはどのような処理を行ったことに相当するか．(iii) の結果を踏まえて答えよ．

(6) 連続時間信号 $x(t)$ を 5 秒間サンプリングして，40 960 個のサンプル値を生成するものとする．以下の問に答えよ．

(i) エイリアシングなしでサンプリングされたとすると $x(t)$ の最高周波数はいくらか．

(ii) サンプリングされた信号の先頭 2048 サンプル分に対し 2048 点 DFT を計算した場合，DFT 係数間の周波数間隔は何 Hz か．

(iii) 問 (ii) の条件において，$400 \le f \le 600$ Hz の帯域に対応する DFT 係数のサンプルにだけ着目するとする．DFT を直接計算する場合，何回の複素乗算が必要となるか．また FFT を適用する場合ではどうか．

(iv) 問 (ii) の条件下で FFT アルゴリズムが DFT の直接計算よりも効率よく（計算コストが低く）なるためには，DFT 係数のサンプルがどの程度必要となるか.

(7) 離散フーリエ変換 DFT と高速フーリエ変換 FFT に関する以下の問に答えよ.

(i) 周波数 f〔Hz〕の複素指数信号 $x(t) = e^{j(2\pi f t)}$ をサンプリング周波数 f_s〔Hz〕でサンプリングして得られる離散時間信号は $x[n] = e^{j\left(2\pi \frac{f}{f_s} n\right)}$ となることを示せ.

(ii) 長さ 1 s の連続時間信号 $y(t)$ をサンプリングして，N 個のサンプル値からなる離散時間信号 $y[n]$ $(n = 0, \ldots, N-1)$ を生成したとする. 離散時間信号 $y[n]$ の N 点 DFT を計算した場合，DFT 係数 $Y[k]$ $(k = 0, \ldots, N-1)$ はそれぞれ何 Hz の周波数成分に相当するか. 問 (i) の結果に基づいて答えよ.

(iii) N 点 DFT において，DFT 係数間の周波数間隔は何 Hz か.

(iv) N 個の DFT 係数を直接計算（FFT を用いずに）するのに必要な複素乗算は何回か. また，N 個の DFT 係数を FFT を用いて計算する場合，必要な複素乗算は何回か.

(v) N 個の DFT 係数のうち M 個だけを直接計算するとき，FFT の複素乗算回数が直接計算における複素乗算回数より少なくなるのは，M がどのような条件を満たすときか. また，$N = 1024$ のとき，その条件を具体的な数値で表せ.

(8) 長さ N の複素信号 $x[n]$ と長さ L $(\leq N)$ の複素信号 $h[n]$ の線形畳込みは

$$y[n] = x[n] * h[n] = \sum_{m=0}^{L-1} x[n-m]h[m] \tag{7.18}$$

で定義される（$n < 0$, $N \leq n$ のときは $x[n] = 0$ とみなす）. ここで，2 のべき乗 M を $M \geq N+L-1$ が満たされるように定め，さらに $x[n]$, $h[n]$ を長さ M の信号

$$\tilde{x}[n] = \begin{cases} x[n] & (0 \leq n < N) \\ 0 & (N \leq n < M) \end{cases}, \qquad \tilde{h}[n] = \begin{cases} h[n] & (0 \leq n < L) \\ 0 & (L \leq n < M) \end{cases}$$

とみなすと，式 (7.18) の $y[n]$ は $\tilde{x}[n]$ と $\tilde{h}[n]$ の巡回畳込み

$$\tilde{y}[n] = \tilde{x}[n] \otimes \tilde{h}[n] = \sum_{m=0}^{M-1} \tilde{x}[n-m]_M \tilde{h}[m]$$

に一致する. 以上より，DFT の性質を利用して $y[n]$ を高速に計算できる. まず，$\tilde{x}[n]$ および $\tilde{h}[n]$ に対し M 点 DFT $\tilde{X}[k], \tilde{H}[k]$ を計算する. 次に，$\tilde{X}[k]$

と $\tilde{H}[k]$ の積 $\tilde{Y}[k] = \tilde{X}[k]\tilde{H}[k]$ を求め，さらにその IDFT を計算することにより $\tilde{y}[n]$ すなわち $y[n]$ を得る．以下の問に答えよ．

(i) 式 (7.18) の直接計算に必要な複素乗算の回数は何回か．

(ii) DFT の性質を利用する方法において，DFT および IDFT の計算に FFT アルゴリズムを用いるとすると，何回の複素乗算が必要となるか．

(iii) $N = L = 512$ のとき，(ii) の方法は最大で直接計算の何倍効率的となるか（直接計算に必要な複素乗算の回数は最大で (ii) の方法の何倍となるか）．

(9) 複素信号を扱う N 点 FFT アルゴリズムを用いて 2 つの異なる実数信号列の N 点 DFT を一度に計算するにはどのようにすればよいか示せ．

第8章 窓関数と短時間フーリエ変換

　本章では，窓関数 (window function) と短時間フーリエ変換 (Short-Time Fourier Transform：STFT) について述べる．一般の信号は非常に長く，そのデータ量が膨大となるため，現実的には，時間軸上の区間を切り出し，切り出された有限長の信号に対して DTFT や DFT による周波数解析を行うことになる．信号の切り出し，すなわち信号を時間制限するために使われるものが窓関数である．図 8.1 のように時間軸上に観測する窓を移動させながら，信号を解析するのである．

　次に，短時間フーリエ変換は，音声信号のように時間変化する信号に対し，ある時刻に着目して周波数分布を解析したい場合に用いるフーリエ解析である．ある時刻周辺の窓関数を用いて計算される．

図 **8.1**　窓関数による切り出し

8·1 窓関数

　窓関数 (window function) とは有限な区間以外で 0 をとる関数 $w[n]$ のことを指す．いま，信号 $x[n]$ に対して窓関数を乗じて，切り出し信号 $x_w[n]$

$$x_w[n] = x[n]w[n] \tag{8.1}$$

を得る．理想の窓関数は，切り出し信号と原信号のスペクトルが一致することである．ここで，$x_w[n], x[n], w[n]$ の離散時間フーリエ変換 (DTFT) を $X_w(\Omega)$, $X(\Omega), W(\Omega)$ とすると

$$X_w(\Omega) = \frac{1}{2\pi} \int_{-\pi}^{\pi} X(\theta)W(\Omega - \theta)d\theta = \frac{1}{2\pi}X(\Omega) \otimes W(\Omega)$$

$$(|\Omega| \leq \pi) \quad (8.2)$$

が成り立ち（**第6章**参照），$X_w(\Omega) \equiv X(\Omega)$ となるには，$W(\Omega) = 2\pi\delta(\Omega)$ となる必要がある．このような窓関数は $\forall n \ \ w[n] = 1$ である．しかしながら，これは値 1 をもつ無限長の信号で，現実的な窓関数にはなり得ない．よって，窓関数を考えるには，$x_w[n]$ のスペクトル $X_w(\Omega)$ と $x[n]$ のスペクトル $X(\Omega)$ が異なるという問題点への対処が重要となる．

それでは，窓関数として最も単純な**矩形窓** (**rectangular window**) を考えてみよう．矩形窓（窓の長さは M）は

$$w[n] = \begin{cases} 1 & (n = 0, 1, \ldots, M-1) \\ 0 & （上記以外） \end{cases} \quad (8.3)$$

で表され，窓の範囲内の原信号を M 個取り出すことに相当する．矩形窓を DTFT した結果得られる周波数スペクトル $W(\Omega)$ は

$$W(\Omega) = \sum_{n=0}^{M-1} e^{-jn\Omega} = e^{-j\left(\frac{M-1}{2}\right)\Omega} \frac{\sin\frac{M}{2}\Omega}{\sin\frac{1}{2}\Omega} \quad (8.4)$$

となり，その振幅スペクトル $|W(\Omega)|$ の概形を図示すると図 8.2 になる．

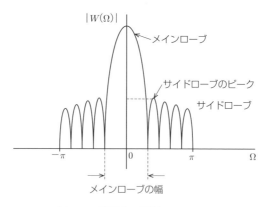

図 **8.2** 矩形窓の振幅スペクトル

図 8.2 から明らかなように，矩形窓のスペクトルは多くのピークをもち，中央部のピークが最も高く，両側に離れるにつれてピークは低くなる．中央部の

最も高いピークを**メインローブ** (main lobe), 周辺の低いピークを**サイドローブ** (side lobe) という. 矩形窓の長さ M を大きくすると, メインローブの幅が小さくなる, つまりメインローブが急峻になる. また, M を大きくすると各ローブの幅は小さくなり, 各ローブの面積が一定となるように変化するため, メインローブとサイドローブが高くなる. メインローブの急峻さは, 周波数分解能[†]に関係し, 一方, サイドローブの高さはダイナミックレンジに関係する. すなわち, メインローブが急峻であれば, 周波数の接近した複数の信号が重畳した信号からそれぞれの周波数成分を検出でき, サイドローブが低ければ, 雑音に埋もれることなく小さなピークの周波数成分でも検出できる.

切り出しの影響を抑えるには

□ メインローブが急峻である.

□ サイドローブが低い.

という要件を満たす窓関数を見出す必要がある. ところが, 観測窓の長さを一定とすると, 上の要件はトレードオフになる. メインローブを急峻にしようとすると, サイドローブは高くなり, 逆にサイドローブを低くしようとすると, メインローブがなまってしまう. これらを考慮した上で, 目的に応じた窓関数を設計しなければならない.

先に述べた矩形窓はシンプルではあるが, 両端で切り出し信号が不連続となるため, その振幅スペクトルにリップル (振動) が発生するなど, 不都合も多い. 信号処理の分野でしばしば使われる窓関数を表 8.1 に示す. 何れも中央にピークがあり, 両端に行くに従い裾野が広がる形状の関数である.

表 8.1 より以下の 3 つをピックアップして考察しよう.

(1) ハニング窓 (Hanning window)

$$w^{HN}[n] = 0.5 - 0.5 \cos\left(\frac{2\pi n}{M-1}\right) \qquad (n = 0, 1, \ldots, M-1) \quad (8.5)$$

(2) ハミング窓 (Hamming window)

$$w^{HM}[n] = 0.54 - 0.46 \cos\left(\frac{2\pi n}{M-1}\right) \quad (n = 0, 1, \ldots, M-1) \quad (8.6)$$

[†] 窓の長さ (データ数) M, サンプリング間隔 T 〔s〕とするとき, 周波数分解能 $\Delta f = \dfrac{1}{MT}$ で与えられる. 周波数分解能の逆数, すなわち MT を時間分解能という.

表 **8.1**　種々の窓関数

窓関数	$w[n]\ (n = 0, \ldots, M-1)$
バートレット（三角） (Bartlett (triangular))	$1 - \dfrac{2\left\lvert n - \frac{M-1}{2} \right\rvert}{M-1}$
ブラックマン (Blackman)	$0.42 - 0.5 \cos \dfrac{2\pi n}{M-1} + 0.08 \cos \dfrac{4\pi n}{M-1}$
ハミング (Hamming)	$0.54 - 0.46 \cos \dfrac{2\pi n}{M-1}$
ハニング (Hanning)	$0.5 - 0.5 \cos \dfrac{2\pi n}{M-1}$
カイザ (Kaiser)	$\dfrac{I_0\left[\beta \sqrt{1 - \left(\frac{2n}{M-1} - 1\right)^2}\right]}{I_0[\beta]}$ ただし，I_0 は第 1 種 0 次変形ベッセル関数
ランツォシュ (Lanczos)	$\mathrm{sinc}\left(\dfrac{2n}{M-1} - 1\right) \cdot 2\pi$　　ただし，$\mathrm{sinc}(x) \triangleq \dfrac{\sin x}{x}$
正弦 (sine)	$\sin\left(\dfrac{n\pi}{M-1}\right)$

（3）ブラックマン窓 (Blackman window)

$$w^{BL}[n] = 0.42 - 0.5 \cos\left(\frac{2\pi n}{M-1}\right) + 0.08 \cos\left(\frac{4\pi n}{M-1}\right)$$

$$(n = 0, 1, \ldots, M-1) \quad (8.7)$$

これらの窓関数では，$n = 0, \ldots, M-1$ 以外の範囲では，関数値は 0 となることに注意されたい．

ここで，ハニング窓，ハミング窓，ブラックマン窓の DTFT を，$W^{HN}(\Omega)$，$W^{HM}(\Omega)$，$W^{BL}(\Omega)$ とし，矩形窓の DTFT $W(\Omega)$ で表すと

$$W^{HN}(\Omega) = 0.5 W(\Omega)$$

$$-0.25 W\left(\Omega - \frac{2\pi}{M-1}\right) - 0.25 W\left(\Omega + \frac{2\pi}{M-1}\right) \quad (8.8)$$

$$W^{HM}(\Omega) = 0.54 W(\Omega)$$

$$-0.23 W\left(\Omega - \frac{2\pi}{M-1}\right) - 0.23 W\left(\Omega + \frac{2\pi}{M-1}\right) \quad (8.9)$$

$$W^{BL}(\Omega) = 0.42W(\Omega)$$

$$-0.25W\left(\Omega - \frac{2\pi}{M-1}\right) - 0.25W\left(\Omega + \frac{2\pi}{M-1}\right)$$

$$+0.04W\left(\Omega - \frac{4\pi}{M-1}\right) + 0.04W\left(\Omega + \frac{4\pi}{M-1}\right) \quad (8.10)$$

になる．それぞれの窓関数の概形と振幅スペクトルのデシベル〔dB〕表示[†]を図 8.3～8.6 に示す．また表 8.2 に窓関数のメインローブ幅（振幅スペクトルが0 となる最小の周波数までの間隔），メイン・サイドローブ間のピークの相対的な差を示す．

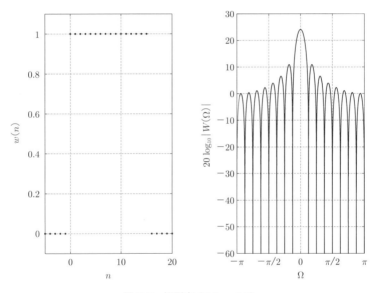

図 **8.3** 矩形窓 ($M = 16$)

　以上の 4 種類の窓関数を，周波数分解能とダイナミックレンジの観点から，順位付けすると以下のようになる．

□　**周波数分解能**：ブラックマン窓 ＜ ハニング窓 ＝ ハミング窓 ＜ 矩形窓

□　**ダイナミックレンジ**：矩形窓 ＜ ハニング窓 ＜ ハミング窓 ＜ ブラックマン窓
　このことは，周波数の近い 2 つの信号を解析するには，矩形窓が，また非常

[†]　振幅スペクトルでは対数尺度の $20\log|W(\Omega)|$ を考えることが多い．$|W(\Omega)| = 0.1,\ 0.5,\ 1,\ 2,\ 10$ に対し $-20,\ -6,\ 0,\ 6,\ 20\,\mathrm{dB}$ となる．

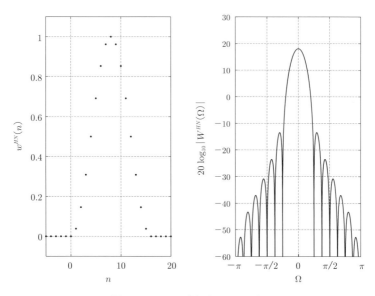

図 8.4　ハニング窓 $(M = 16)$

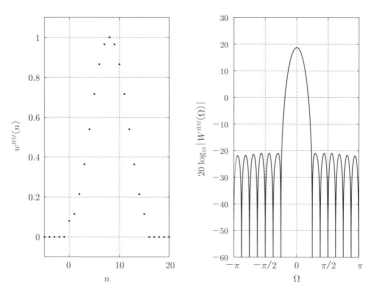

図 8.5　ハミング窓 $(M = 16)$

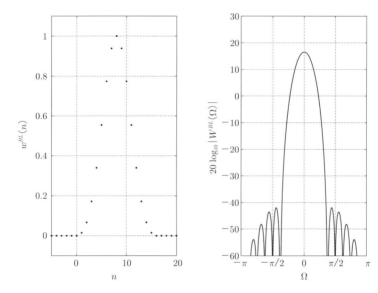

図 **8.6** ブラックマン窓 ($M = 16$)

表 **8.2** 窓関数の周波数領域の重要な特徴

窓関数	メインローブの幅	メイン・サイドローブ間の ピークの相対的な差〔dB〕
矩形	$4\pi/M$	-13
バートレット	$8\pi/M$	-25
ハニング	$8\pi/M$	-31
ハミング	$8\pi/M$	-41
ブラックマン	$12\pi/M$	-57

に振幅の小さい信号を解析するには，ブラックマン窓が適していることを示唆している．

問 8.1 式 (8.8)～式 (8.10) を導け．

8·2 離散フーリエ変換と窓関数

　本節では，離散フーリエ変換 DFT と窓関数について考察する．長さ N の矩形窓を作用させ，N 点の観測信号が得られたとする．N 点 DFT では，N 点の観測信号を周期 N の周期信号と仮定する．これは，矩形窓の外の信号を周期

的に拡張することを意味する．いま，一定の時間間隔でサンプリングするものとすると，観測信号に作用させる矩形窓の長さによっては，適切な切り出し周期にならず，切り出し信号があたかも不連続に接続され，周期的に拡張される状態になる．図8.7にこの様子を示す．接続部分は，観測窓の両端であるので，この部分を滑らかにつなぐ方策が必要となる．

　8·1 節で述べたハニング窓などは，観測窓の中心にピークがあり，観測窓の端に行くに従い，減衰する信号形状である．したがって，ハニング窓を作用させる（乗算する）ことにより，切り出し信号を滑らかに周期的拡張できるという効果をもつ．この結果，窓の長さに依存することなく，良好な DFT の結果が得られることになる．

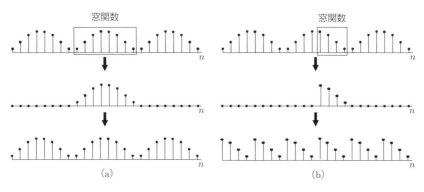

図 **8.7**　窓関数長の影響

8·3　短時間フーリエ変換

　短時間フーリエ変換は，時間変化する信号（例えば，音声信号）に対し，ある時刻における信号の性質（周波数や位相の変化）を調べるために用いられる．連続時間信号 $x(t)$ の短時間フーリエ変換 STFT は，$w(t)$ を窓関数として以下で定義される．

$$X(\omega, t) = \int_{-\infty}^{\infty} x(\tau) w(\tau - t) e^{-j\omega\tau} d\tau \tag{8.11}$$

　$X(\omega, t)$ は，時刻 t（の周辺）における $x(t)$ の周波数分布（スペクトル）を表す．なお，$|X(\omega, t)|^2$ をスペクトログラムと呼ぶことがあり，時間軸と周波数軸での分布がわかる．時間窓には $t = 0$ でピークをもつ関数が選ばれ，8·1 節

で述べたものや**ガウス窓** (**Gauss window**)

$$w(t) = \exp(-at^2) \tag{8.12}$$

$$w(t) = \frac{1}{\sqrt{2\pi\sigma^2}} \exp\left(-\frac{t^2}{2\sigma^2}\right) \tag{8.13}$$

が使われる．特に，ガウス窓の STFT を**ガボール変換** (Gabor transform) と呼ぶ．

また，離散時間信号 $x[n]$ の短時間フーリエ変換は，$w[n]$ を窓関数として以下で定義される．

$$X(\Omega, n) = \sum_{m=-\infty}^{\infty} x[m]w[m-n]e^{-j\Omega m} \tag{8.14}$$

連続時間信号と同様に，$X(\Omega, n)$ は時刻 n（の周辺）における $x[n]$ の周波数分布（スペクトル）を表す．STFT の時間・周波数分解能について考えよう．図 8.8 は，STFT の概念図である．種々の周波数の正弦波で信号波形を表現する．さて，窓関数はその長さを短くするほど，時間軸方向の解析精度は向上する．すなわち，時間分解能が高くなる．一方，窓関数を長くすると，周波数軸方向の解析精度が向上する．すなわち，周波数分解能が向上する．このことは，周波数分解能と時間分解能がトレードオフ関係にあることを示唆し，両方の分解能を任意の精度にまで高くすることは原理的に不可能であることを意味する．これを STFT，あるいは時間・周波数解析の**不確定性原理** (uncertainty principle) という．図 8.9 に，STFT の時間・周波数分解能の模式図を示す．時間・周波数平面で，一様のタイル状の分解能を表す．

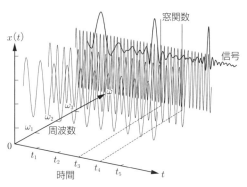

図 **8.8** 短時間フーリエ変換の概念図

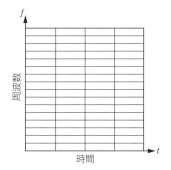

図 **8.9** 時間・周波数分解能の模式図
（短時間フーリエ変換）

(1) 図 8.10 に示すように，離散時間信号 $x[n]$ に長さ N の窓関数

$$r_d[n] = \begin{cases} 1 & (d \leq n < d + N) \\ 0 & (\text{それ以外}) \end{cases}$$

を適用することにより信号 $y_d[n] = x[n]r_d[n]$ を生成する場合を考え，$x[n] \overset{\text{DTFT}}{\longleftrightarrow} X(\Omega)$，$r_d[n] \overset{\text{DTFT}}{\longleftrightarrow} R_d(\Omega)$，$y_d[n] \overset{\text{DTFT}}{\longleftrightarrow} Y_d(\Omega)$ とする．また，生成した $y_d[n]$ における 0 でない区間，すなわち，$y_d[n]$ $(d \leq n < d + N)$ を改めて $\tilde{y}_d[m]$ $(0 \leq m < N)$ とおき $(\tilde{y}_d[m] = y_d[d + m])$，さらに $\tilde{y}_d[m] \overset{\text{DFT}}{\longleftrightarrow} \tilde{Y}_d[k]$ とする．このとき，以下の問に答えよ．

(i) $R_0(\Omega)$ を求めよ．

(ii) $|R_0(\Omega)|$ の概形を図示し，その図を基に，$r_0[n]$ の窓関数としての長所と短所を論ぜよ．

(iii) $r_d[n]$ と $r_0[n]$ の関係を数式を用いて表せ．また，その関係式に基づき，$R_d(\Omega) = R_0(\Omega)e^{-j\Omega d}$ を示せ．

(iv) 一般に $f[n] \overset{\text{DTFT}}{\longleftrightarrow} F(\Omega)$ かつ $g[n] \overset{\text{DTFT}}{\longleftrightarrow} G(\Omega)$ ならば $f[n]g[n] \overset{\text{DTFT}}{\longleftrightarrow} \frac{1}{2\pi}F(\Omega) \otimes G(\Omega)$ となることを示せ．

(v) 問 (i)(iii)(iv) の結果を踏まえ，$Y_d(\Omega)$ を $X(\Omega)$ および $\otimes$ を用いて表せ．

(vi) N を 2 のべき乗とし，$\tilde{Y}_d[k]$ の計算に時間間引き FFT を用いるとする．このとき，ある正整数 L に対し $0 \leq d < L$ を満たすすべての d について $\tilde{Y}_d[k]$ $(k = 0, 1, \ldots, N-1)$ を計算するためには何回の複素乗算が必要となるか．

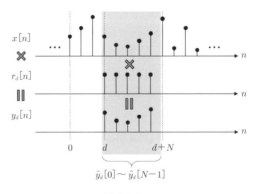

図 8.10

第9章　z 変換

　本章では，z 変換 (z transform) について述べる．z 変換は，離散時間システムの解析ツールであり，連続時間システムのラプラス変換に対応するものである．ラプラス変換が微分方程式を代数方程式に置き換えるものであったのと同様に，z 変換は定係数差分方程式を代数方程式に置き換えることができる．離散時間システムは差分方程式で記述されることが一般的であるため，z 変換がシステムの解析に大きな役割を果たす．それ以外にも z 変換は，線形時不変システムの入出力応答，すなわち伝達関数の計算および線形フィルタの設計にも有用である．

9-1　定義

定義 9.1（z 変換）　離散時間信号を $x[n]$ とするとき，$x[n]$ の z 変換は

$$\mathcal{Z}[x[n]] = X(z) \triangleq \sum_{n=-\infty}^{\infty} x[n]z^{-n} \tag{9.1}$$

で定義される．ただし，z は複素変数である．$x[n]$ と $X(z)$ を z 変換対と呼び

$$x[n] \overset{z}{\longleftrightarrow} X(z)$$

と書く．　■

定義 9.2（収束領域 ROC）　z 変換が収束する z 平面での領域を ROC (Region Of Convergence) という．数式で書くと

$$\mathrm{ROC} \triangleq \left\{ z \mid \sum_{n=-\infty}^{\infty} |x[n]z^{-n}| < \infty \right\}$$

である．　■

　ここで，離散時間フーリエ変換 DTFT との関係を考えよう．

$$X(\Omega) = \sum_{n=-\infty}^{\infty} x[n]e^{-jn\Omega}$$

DTFT の定義式は，式 (9.1) の *z* 変換の定義式において $z \triangleq e^{j\Omega}$ と置き換えたものに等しい．すなわち，DTFT は *z* 変換の特殊な場合，すなわち *z* 平面の単位円上で計算したものである[†].

いま，$z = re^{j\Omega}$ なる複素変数を考えるとき $x[n]z^{-n} = x[n]r^{-n}e^{-jn\Omega}$ なので，*z* 変換は信号 $x[n]$ で減衰係数 r^{-n} を乗じた信号 $x[n]r^{-n}$ の DTFT と考えられる．このとき ROC は

$$\sum_{n=-\infty}^{\infty} |x[n]r^{-n}| < \infty$$

を満たす r の値域となる．

ところで，式 (9.1) の定義式において総和の始点を 0 とする

$$X(z) = \sum_{n=0}^{\infty} x[n]z^{-n}$$

を**片側 *z* 変換** (**one-sided *z* transform**) と呼ぶ．対比的に式 (9.1) を**両側 *z* 変換** (**two-sided *z* transform**) と呼ぶ．信号 $x[n]$ が因果的，つまり $n < 0$ に対し $x[n] = 0$ なら両側 *z* 変換と片側 *z* 変換は一致する．なお，両側 *z* 変換における総和の範囲を形式的に 2 分割し，$(-\infty, -1]$，$[0, \infty)$ とするとき，それぞれ左側 *z* 変換，右側 *z* 変換という．

9·2 収束領域 ROC

本節では ROC について考察する．多くの信号について，*z* の有理関数の *z* 変換が存在する．

$$X(z) = \frac{B(z)}{A(z)} = \frac{\displaystyle\sum_{k=0}^{q} b[k]z^{-k}}{\displaystyle\sum_{k=0}^{p} a[k]z^{-k}}$$

分子・分母の多項式を因数分解すると

[†] 教科書によって DTFT を $X(e^{j\Omega})$ という記法を用いるのはこの理由による．

$$X(z) = C\frac{\displaystyle\prod_{k=1}^{q}(1 - \beta_k z^{-1})}{\displaystyle\prod_{k=1}^{p}(1 - \alpha_k z^{-1})} \tag{9.2}$$

定義 9.3（**零点と極**） 式 (9.2) において，分子の多項式の根 β_k を $X(z)$ の**零点** (**zero**) という．一方，同式において分母の多項式の根 α_k を $X(z)$ の**極** (**pole**) という．z 平面で零点，極を "○"，"×" で表記するものとする． ■

ここで，ROC の性質をまとめる．

1) 有限長の信号に対する ROC は，$z = 0$ および $z = \infty$ を除く全 z 平面である．

2) 右側 z 変換の ROC は円の外部領域 $\exists\alpha$，$|z| > \alpha$ となる．

3) 左側 z 変換の ROC は円の内部領域 $\exists\alpha'$，$|z| < \alpha'$ となる．

4) 2), 3) より，両側 z 変換の ROC は $\exists\alpha, \alpha'$，$\alpha < |z| < \alpha'$ となる．図 9.1 のように ROC は環状の領域である．

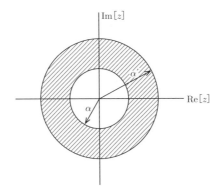

図 9.1 z 変換の **ROC** $(\alpha < |z| < \alpha')$

問 9.1 図 9.1 の ROC の性質を証明せよ．

9-3 *z* 変換の例

（1）単位インパルス信号 $\delta[n]$

$$\mathcal{Z}[\delta[n]] = \sum_{n=-\infty}^{\infty} \delta[n]z^{-n} = \delta[0]z^{-0} = 1$$

（ROC はすべての z 平面）

（2）単位インパルス信号の時間シフト

$$\mathcal{Z}[\delta[n-m]] = \sum_{n=-\infty}^{\infty} \delta[n-m]z^{-n} = \delta[0]z^{-m} = z^{-m}$$

（$m > 0$ ならば ROC は $z = 0$ を除く全 z 平面）

（3）単位ステップ信号

$$\mathcal{Z}[u[n]] = \sum_{n=-\infty}^{\infty} u[n]z^{-n} = \sum_{n=0}^{\infty} z^{-n} = \frac{1}{1-z^{-1}} = \frac{z}{z-1}$$

（ROC は $1 < |z|$）

（4）パルス列 $P_N[n]$

$$P_N[n] = \begin{cases} 1 & (n = 0, 1, \ldots, N-1) \\ 0 & （それ以外） \end{cases}$$

$$X(z) = \sum_{n=-\infty}^{\infty} P_N[n]z^{-n}$$

$$= \sum_{n=-\infty}^{\infty} \{\delta[n]+\delta[n-1]+\cdots+\delta[n-(N-1)]\}\,z^{-n}$$

$$= 1 + z^{-1} + z^{-2} + \cdots + z^{-(N-1)} \quad (z^{-1} \text{ の } (N-1) \text{ 次の多項式})$$

（ROC は $z = 0$（原点）を除く全 z 平面）

（5）指数関数信号

$$x[n] = a^n u[n] \qquad (a \text{ は実数})$$

$$X(z) = \sum_{n=-\infty}^{\infty} a^n u[n]z^{-n} = \sum_{n=0}^{\infty} (az^{-1})^n$$

領域 $|z| > |a|$（$|az^{-1}| < 1$）において収束

$$X(z) = \frac{1}{1 - az^{-1}} = \frac{z}{z - a}$$

$z = a$ に極, $z = 0$ に零点をもつ有理関数で ROC は図 9.2 の通り.

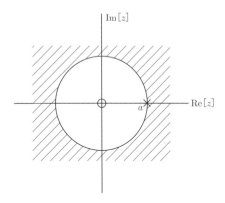

図 **9.2** 指数関数信号の ROC

問 9.2 両側指数関数

$$x[n] = a^n u[n] - b^n u[-n - 1] \qquad (a, b \text{ は実数})$$

の z 変換を求めよ.

9·4 z 変換の性質

$x_1[n] \overset{z}{\longleftrightarrow} X_1(z)$ (ROC $= R_1$), $x_2[n] \overset{z}{\longleftrightarrow} X_2(z)$ (ROC $= R_2$) とする.
z 変換の諸性質を示す.

(1) 線形性

$$ax_1 + bx_2 \overset{z}{\longleftrightarrow} aX_1(z) + bX_2(z)$$

ROC は $R_1 \cap R_2$ を含む.

(2) 時間シフト

$$x_1[n - k] \overset{z}{\longleftrightarrow} z^{-k} X_1(z) \qquad (k \text{ は整数})$$

ROC $= R_1$

(3) 畳込み

$$x_1[n] * x_2[n] = \sum_{k=-\infty}^{\infty} x_1[n - k]x_2[k]$$

$$x_1[n] * x_2[n] \overset{z}{\longleftrightarrow} X_1(z)X_2(z)$$

ROC は $R_1 \cap R_2$ を含む.

(4) 複素共役

$$\overline{x_1[n]} \overset{z}{\longleftrightarrow} \overline{X_1(\overline{z})}$$

$$\mathrm{ROC} = R_1$$

$x_1[n]$ が実信号なら $(x_1[n] = \overline{x_1[n]})$

$$X_1(z) = \overline{X_1(\overline{z})}$$

(5) 時間反転

$$x_1[-n] \overset{z}{\longleftrightarrow} X_1\left(\frac{1}{z}\right)$$

$$\mathrm{ROC} = \frac{1}{R_1}$$

(6) 微分

$$nx_1[n] \overset{z}{\longleftrightarrow} -z\frac{dX_1(z)}{dz}$$

$$\mathrm{ROC} = R_1$$

代表的な信号の z 変換対と ROC を表 9.1 にまとめる.

表 **9.1** z 変換対

信号 $x[n]$	z 変換 $X(z)$	ROC
$\delta[n]$	1	全平面
$u[n]$	$\dfrac{1}{1-z^{-1}}$	$|z| > 1$
$-u[-n-1]$		$|z| < 1$
$a^n u[n]$	$\dfrac{1}{1-az^{-1}}$	$|z| > |a|$
$-a^n u[-n-1]$		$|z| < |a|$
$(\sin \Omega_0 n)u[n]$	$\dfrac{(\sin \Omega_0)z}{z^2 - (2\cos \Omega_0)z + 1}$	$|z| > 1$
$(\cos \Omega_0 n)u[n]$	$\dfrac{z^2 - (\cos \Omega_0)z}{z^2 - (2\cos \Omega_0)z + 1}$	$|z| > 1$
$(r^n \sin \Omega_0 n)u[n]$	$\dfrac{(r\sin \Omega_0)z}{z^2 - (2r\cos \Omega_0)z + r^2}$	$|z| > r$
$(r^n \cos \Omega_0 n)u[n]$	$\dfrac{z^2 - (r\cos \Omega_0)z}{z^2 - (2r\cos \Omega_0)z + r^2}$	$|z| > r$
$\begin{cases} a^n & 0 \le n \le N-1 \\ 0 & \text{otherwise} \end{cases}$	$\dfrac{1-a^N z^{-N}}{1-az^{-1}}$	$|z| > 0$

9·5 逆 z 変換

逆 z 変換 (inverse z transform) は $X(z)$ から $x[n]$ への変換で

$$x[n] = \mathcal{Z}^{-1}[X(z)]$$

と表す．以下では逆 z 変換の計算法を示す．

9.5.1 周回積分

$x[n]$ は次のような z 平面での周回積分により与えられる．

$$x[n] = \frac{1}{2\pi j} \oint_c X(z) z^{n-1} dz$$

積分路 C は図 9.3 のように，ROC 内で原点を内部に含む反時計回りの円周路である．

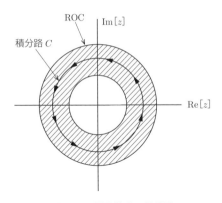

図 **9.3** 周回積分の積分路

さて，複素関数論によると，周回積分は以下の留数 (residue) 定理により求めることができる．

$$\frac{1}{2\pi j} \oint_c X(z) z^{n-1} dz$$

$$= \sum \{C \text{ の内部に存在する } X(z) z^{n-1} \text{ の極の留数}\}$$

$z = \alpha_k$ で $X(z)$ が 1 位の極（単極）をもつ z の有理関数なら

$$z = \alpha_k \text{ での } X(z) z^{n-1} \text{ の留数} = \left(1 - \alpha_k z^{-1}\right) X(z) z^{n-1}\big|_{z=\alpha_k}$$

で求めることができる．

🎐 9.5.2 部分分数展開法

$X(z)$ を有理関数とするとき，**部分分数展開法** (**partial-fraction expansion method**) は最も有用な逆 z 変換の計算法となる．すなわち

$$X(z) = \frac{N(z)}{D(z)} = C\frac{(z-\beta_1)(z-\beta_2)\cdots(z-\beta_q)}{(z-\alpha_1)(z-\alpha_2)\cdots(z-\alpha_p)}$$

ここで $q \leq p$，かつすべての α_k を単極とすると，

$$\frac{X(z)}{z} = \frac{A_0}{z} + \frac{A_1}{z-\alpha_1} + \frac{A_2}{z-\alpha_2} + \cdots + \frac{A_p}{z-\alpha_p}$$

$$= \frac{A_0}{z} + \sum_{k=1}^{p} \frac{A_k}{z-\alpha_k}$$

と部分分数に分解できる．ただし

$$A_0 = X(z)|_{z=0}, \qquad A_k = (z-\alpha_k)\frac{X(z)}{z}\bigg|_{z=\alpha_k}$$

したがって，

$$X(z) = A_0 + A_1\frac{z}{z-\alpha_1} + A_2\frac{z}{z-\alpha_2} + \cdots + A_p\frac{z}{z-\alpha_p}$$

$$= A_0 + \sum_{k=1}^{p} A_k\frac{z}{z-\alpha_k}$$

$$= A_0 + \sum_{k=1}^{p} \frac{A_k}{1-\alpha_k z^{-1}}$$

いま，$\delta[n] \overset{z}{\longleftrightarrow} 1$ および $a^n u[n] \overset{z}{\longleftrightarrow} 1/(1-az^{-1})$ (ROC: $|a| < |z|$) から

$$x[n] = \mathcal{Z}^{-1}[X(z)] = A_0\delta[n] + \sum_{k=1}^{p} A_k(\alpha_k)^n u[n]$$

一方，$p < q$ のとき $(p-q)$ 次の z^{-1} の多項式を $X(z)$ は含む．さらに 2 位以上の極（重極）については展開式において部分分数の項を追加する．例えば $z = \alpha_k$ で 2 位の極をもつとすると $X(z)$ の展開式は次の 2 項を含む．

$$\frac{B_1}{1-\alpha_k z^{-1}} + \frac{B_2}{(1-\alpha_k z^{-1})^2}$$

ただし，

$$B_1 = \alpha_k\frac{d}{dz}(1-\alpha_k z^{-1})^2 X(z)\bigg|_{z=\alpha_k} \qquad B_2 = (1-\alpha_k z^{-1})^2 X(z)\big|_{z=\alpha_k}$$

問 9.3　以下の関数を逆 z 変換せよ.

$$X(z) = \frac{2z^2}{3z^2 - 4z + 1}$$

9·6　z 変換を用いた畳込みの計算　

2 つの離散時間信号 $x_1[n], x_2[n]$ の畳込みは

$$x_1[n] * x_2[n] = \sum_{k=-\infty}^{\infty} x_1[n-k]x_2[k]$$

で定義される. 畳込みの z 変換

$$x_1[n] * x_2[n] \xleftrightarrow{z} X_1(z)X_2(z)$$

を用いて z 領域で積算した結果をさらに逆 z 変換をすることにより, 畳込みを求めることができる.

問 9.4　図 9.4 に示す 2 つの信号 $x[n], y[n]$ の畳込みを z 変換を利用して求めよ.

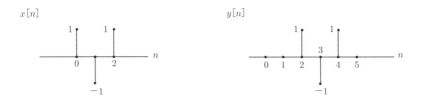

図 9.4　z 変換による畳込み

9·7　線形時不変システムの伝達関数　

信号システムの線形時不変システム (linear time/shift invariant system: LTI システムと略記) を思い出そう (**第 3 章**参照). 図 9.5 のように, LTI システムの出力信号 $y[n]$ は, **インパルス応答** $h[n]$ と入力信号 $x[n]$ の畳込みで規定される. すなわち

$$y[n] = \sum_{k=-\infty}^{\infty} h[n-k]x[k] = h[n] * x[n]$$

ここに，インパルス応答とは，単位インパルス信号を LTI システムに入力したときの出力である．

上式の両辺を z 変換すると

$$Y(z) = H(z)X(z)$$

図 **9.5** 線形時不変 (**LTI**) システム

定義 9.4（伝達関数/システム関数） LTI システムへの入力信号，出力信号の z 変換を，$X(z), Y(z)$ とするとき

$$H(z) = \frac{Y(z)}{X(z)}$$

を伝達関数 (transfer function) あるいはシステム関数 (system function) と呼ぶ．$H(z)$ はインパルス応答の z 変換である． ∎

通常の LTI システムでは，入力 $x[n]$ と出力 $y[n]$ の関係は線形定係数差分方程式で表される．例えば図 9.6 のシステムは，出力信号を 1 単位時間遅延させ，$b \, (> 0)$ 倍に増幅した信号を入力側にフィードバックするシステムである．その入出力の関係は，

$$y[n] = x[n] + b \cdot y[n-1]$$

で表される．

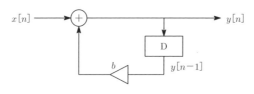

図 **9.6** **LTI** システムの例

一般に，以下のような差分方程式

$$y[n] + \sum_{k=1}^{M} a_k y[n-k] = \sum_{k=0}^{N} b_k x[n-k] \tag{9.3}$$

で LTI システムの入出力関係は表され，これを**入出力差分方程式** (input-output difference equation) と呼ぶ．両辺を z 変換すると

$$Y(z) + \sum_{k=1}^{M} a_k z^{-k} Y(z) = \sum_{k=0}^{N} b_k z^{-k} X(z)$$

が導かれ，伝達関数は

$$H(z) = \frac{Y(z)}{X(z)} = \frac{\displaystyle\sum_{k=0}^{N} b_k z^{-k}}{1 + \displaystyle\sum_{k=1}^{M} a_k z^{-k}}$$

となる．さらに因数分解して次式を得る．

$$H(z) = C \frac{\displaystyle\prod_{k=1}^{N}(1 - \beta_k z^{-1})}{\displaystyle\prod_{k=1}^{M}(1 - \alpha_k z^{-1})}$$

前に述べたように，$z = \beta_k$ が零点で $z = \alpha_k$ が極となる．さて，LTI システムの性質は z 平面における零点と極で特徴付けられることが知られている．システムが因果的かつ BIBO 安定であることと，伝達関数の極が z 平面の単位円内側の領域に存在することは同値である．

問 9.5 図 9.6 のシステムが BIBO 安定である条件を求めよ．

9·8 FIR システムと IIR システム

9·7 節の入出力差分方程式（式 (9.3)）は

$$\begin{aligned}
y[n] &= -\sum_{k=1}^{M} a_k y[n-k] + \sum_{k=0}^{N} b_k x[n-k] \\
&= -a_1 y[n-1] - a_2 y[n-2] - \cdots - a_M y[n-M] \\
&\quad + b_0 x[n] + b_1 x[n-1] + b_2 x[n-2] + \cdots + b_N x[n-N]
\end{aligned}$$

$$(9.4)$$

と変形できる．この式は，現在の出力が，現在の入力，および過去の入力と出力によって求められることを示す．また，単位インパルス信号 $\delta[n]$ を入力としたときの出力がインパルス応答 $h[n]$ であるから

$$h[n] = -\sum_{k=1}^{M} a_k h[n-k] + \sum_{k=0}^{N} b_k \delta[n-k] \tag{9.5}$$

となる．これは，インパルス応答が無限に継続することを示し，式 (9.4) で表されるシステムを**無限インパルス応答 IIR** (Infinite Impulse Response) システム（あるいはフィルタ）と呼ぶ．

一方，$M = 0$ とすると式 (9.4) は

$$
\begin{aligned}
y[n] &= \sum_{k=0}^{N} b_k x[n-k] \\
&= b_0 x[n] + b_1 x[n-1] + b_2 x[n-2] + \cdots + b_N x[n-N] \tag{9.6}
\end{aligned}
$$

となり，インパルス応答は

$$h[n] = \sum_{k=0}^{N} b_k \delta[n-k] = \begin{cases} b_n & (n = 0, \ldots, N) \\ 0 & （上記以外） \end{cases} \tag{9.7}$$

で与えられる．これは有限の区間において有限のインパルス応答をもつことを示す．式 (9.6) で表されるシステムを**有限インパルス応答 FIR** (Finite Impulse Response) システム（あるいはフィルタ）と呼ぶ．

9·9 周波数応答

伝達関数 $H(z)$ に対して $z \triangleq e^{j\Omega}$ とおくと

$$
\begin{aligned}
H(z)|_{z=e^{j\Omega}} &= H(e^{j\Omega}) \\
&= \sum_{n=-\infty}^{\infty} h[n] e^{-jn\Omega} \\
&\triangleq H(\Omega)
\end{aligned}
$$

$H(\Omega)$ をシステムの**周波数応答** (frequency response) と呼び，入力のスペクトルと出力のそれとの関係を表す．式から明らかなように，$H(\Omega)$ はインパルス応答 $h[n]$ の離散時間フーリエ変換 DTFT に他ならない．また，周波数応

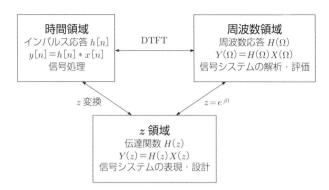

図 **9.7**　**LTI** システムにおける時間領域と周波数領域と z 領域の関係

答は，伝達関数 $H(z)$ の単位円 $(e^{j\Omega})$ 上の値である．周波数応答を

$$H(\Omega) \triangleq |H(\Omega)|e^{j\angle H(\Omega)}$$

と表現するとき，$|H(\Omega)|$ を振幅特性あるいはゲイン特性，$\angle H(\Omega)$ を位相特性と呼ぶ．

　最後に，LTI システムの離散時間信号表現に関し，時間領域と周波数領域と z 領域の関係を図 9.7 に示す．時間領域と周波数領域を結ぶものが離散時間フーリエ変換 DTFT であり，時間領域の畳込み演算は周波数領域での積算になる．インパルス応答の DTFT は周波数応答である．時間領域と z 領域の橋渡しは z 変換が行い，インパルス応答の z 変換は伝達関数/システム関数となる．また，z 領域と周波数領域は $z = e^{j\Omega}$ なる関係で結ばれていることがわかる．

演習問題

(1) 以下の問に答えよ.

  (i) 離散時間信号 $x[n]$ とその z 変換 $X(z)$ について, $x[n] \overset{z}{\longleftrightarrow} X(z)$ (ROC : R) であるとき

$$nx[n] \overset{z}{\longleftrightarrow} -z\frac{dX(z)}{dz} \qquad (\text{ROC} : R)$$

  を証明せよ.

  (ii) 問 (i) の結果を用いて

$$\sum_{k=-\infty}^{n} kx[k]$$

  の z 変換を求めよ.

(2) 2 つの離散時間信号

$$x[n] = \left(\frac{1}{2}\right)^n u[n], \qquad y[n] = 2^n u[-n]$$

の畳込みを z 変換を用いて求めよ.

(3) 線形時不変離散時間システムが因果性をもつとき, 以下の問に答えよ.

  (i) システムのインパルス応答は

    $n < 0$ のとき $h[n] = 0$

  という条件をもつ. このとき伝達関数 $H(z)$ における上に対応する条件は,

    $H(z)$ の ROC が半径 γ の円の外部領域, すなわち $|z| > \gamma$

  となることを示せ.

  (ii) システムの伝達関数が

$$H(z) = \frac{1 + z^{-1}}{1 - \frac{1}{2}z^{-1}}$$

  であり, かつシステムの出力 $y[n]$ が

$$y[n] = -\frac{1}{3}\left(\frac{1}{4}\right)^n u[n] - \frac{4}{3}2^n u[-n-1]$$

  であるとき, 入力信号 $x[n]$ を求めよ.

(4) ある通信路の特性が, 次の差分方程式で表される信号処理システムとしてモデル化されたとする.

$$y[n] = x[n] + \frac{1}{2}x[n-5] + \frac{1}{4}x[n-10]$$

すなわち, 受信側で観測した信号 $y[n]$ は, 送信された原信号 $x[n]$ 以外にも, 5 ステップ遅れて 1/2 だけ減衰した原信号と, 10 ステップ遅れて 1/4 だけ減衰した原信号をエコーとして含んでいる. このとき, 観測した信号 $y[n]$ から原信号 $x[n]$ を復元する信号処理システムの伝達関数を求めよ. また, その信号処理システムの BIBO 安定性について検討せよ.

(5) 入出力差分方程式

$$y[n] = \frac{3}{4}y[n-1] - \frac{1}{16}y[n-3] + x[n] - \frac{1}{8}x[n-2] + \frac{1}{8}x[n-3]$$

で表される離散時間信号処理システム L について以下の問に答えよ.

(i) システム L の伝達関数 $H(z)$ を求めよ.

(ii) システム L は BIBO 安定であるか否か, 伝達関数を基に判定せよ.

(iii) $f[n] \overset{z}{\longleftrightarrow} F(z)$ (ROC：R) ならば $nf[n] \overset{z}{\longleftrightarrow} -z\dfrac{d}{dz}F(z)$ (ROC：R) であることを利用して次式を示せ. ただし, a は実数の定数である.

$$(n+1)a^n u[n] \overset{z}{\longleftrightarrow} \frac{1}{(1-az^{-1})^2} \qquad (\text{ROC：}|a| < |z|)$$

(iv) 問 (iii) の結果を踏まえ, システム L のインパルス応答 $h[n]$ を求めよ.

(6) 次の差分方程式で表される信号処理システムについて考える.

$$y[n] = \frac{1}{2}(x[n] + x[n-1])$$

この信号処理システムは平均化フィルタと呼ばれる. 以下の問に答えよ.

(i) 図 9.8 の信号 $x[n]$ を入力した場合の出力信号 $y[n]$ の挙動を図示せよ.

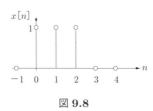

図 **9.8**

(ii) 平均化フィルタの周波数応答 $M(\Omega)$ を求め, $0 \le \Omega \le \pi$ における振幅 (ゲイン) 特性 $|M(\Omega)|$, および位相特性 $\angle M(\Omega)$ を計算せよ.

(7) 次の差分方程式で表される信号処理システムについて考える.

$$y[n] = \frac{1}{2}(x[n] - x[n-1])$$

この信号処理システムは差分フィルタと呼ばれる．以下の問に答えよ．

(i) 図 9.8 の信号 $x[n]$ を入力した場合の出力信号 $y[n]$ の挙動を図示せよ．

(ii) 差分フィルタの周波数応答 $D(\Omega)$ を求め，$0 \leq \Omega \leq \pi$ における振幅（ゲイン）特性 $|D(\Omega)|$，および位相特性 $\angle D(\Omega)$ を計算せよ．

(8) 入出力差分方程式

$$y[n] = -\frac{1}{4}x[n] + \frac{1}{2}x[n-1] - \frac{1}{4}x[n-2]$$

で表される離散時間信号処理システム L について，以下の問に答えよ．

(i) システム L の伝達関数 $H(z)$ を求めよ．

(ii) システム L のインパルス応答 $h[n]$ を図示せよ．

(iii) システム L の周波数応答における振幅特性と位相特性を図示せよ．

(iv) システム L に基本角周波数 Ω_0 の離散正弦波 $x[n] = \sin(\Omega_0 n)$ を入力した場合の出力信号は $y[n] = A\sin(\Omega_0 n + B)$ の形で表すことができる．この表現における A および B を，それぞれ Ω_0 を用いて表せ．

(v) 問 (iv) の $x[n]$ に N ステップ分の時間遅延を与えた信号を $q[n] = x[n-N]$ とおく．$q[n]$ を Ω_0, N, n で表せ．

(vi) 問 (iii)～(v) の内容を参考に，周波数応答における振幅特性と位相特性の物理的な意味を説明せよ．

(9) 線形時不変かつ因果的な離散時間信号処理システム L について，その伝達関数が

$$H(z) = \frac{4z^2}{4bz^2 - 4bz - a + b}$$

のとき，以下の問に答えよ．ただし，a および b は実数の定数であり，$b > 0$ を満たす．

(i) L に対する入力 $x[n]$ と出力 $y[n]$ の関係を入出力差分方程式で表せ．

(ii) $b = 1$ のとき，L が BIBO 安定となるような a の範囲を求めよ．

(iii) $a = b$ のとき，L の振幅特性および位相特性を求めよ．

(iv) $a = \frac{1}{9}$, $b = 1$ のとき，L のインパルス応答を求めよ．

第10章 ディジタルフィルタ

　本章では，ディジタルフィルタ (digital filter) とその実現・設計について述べる．ディジタルフィルタとは，離散時間の線形時不変システム（LTI システム）の１クラスを指すものとする．LTI システムは，伝達関数，周波数応答，インパルス応答によって，システムの入出力特性が記述されることは，第９章で述べたが，ディジタルフィルタは，周波数や位相に関する所望の仕様に合わせて設計される LTI システムである．ディジタル信号処理においてはディジタルフィルタは重要な概念であり，実用的にも広く利用されている．ここでは，周波数選択特性，線形位相特性などを取り上げ，FIR フィルタとして実現する代表的な方法を述べる．なお，IIR フィルタの設計に関しては本書では扱わない．

10·1　ディジタルフィルタの構成要素

　ディジタルフィルタは，以下の３つの演算を実行する要素（演算器）から構成される．以下では，演算器の出力信号を $y[n]$ で表す．

□　**加算器** (adder)：２つの入力信号 $x_1[n], x_2[n]$ の加算を行う．$y[n] = x_1[n] + x_2[n]$

□　**係数乗算器** (multiplier)：入力信号 $x[n]$ を定数倍 a にする．$y[n] = a \cdot x[n]$

□　**単位遅延器** (unit delay)：入力信号を単位時間遅延させる．$y[n] = x[n-1]$

　演算器を図示するには，表 10.1 のようにブロックダイアグラム (block diagram) で表す．

　ディジタルフィルタは，LTI システムであるので，その出力 $y[n]$ はインパルス応答と入力 $x[n]$ の畳込みで決定される．ディジタルフィルタにおけるもう１つの重要な表現として入出力差分方程式，あるいは線形差分方程式 (linear difference equation) がある．以下に N 次の差分方程式を示す．

表 10.1 ディジタルフィルタの構成要素

演算器	数式	記号
加算器	$y[n] = x_1[n] + x_2[n]$	
係数乗算器	$y[n] = a \cdot x[n]$	
単位遅延器	$y[n] = x[n-1]$	

定義 10.1（N 次差分方程式）

$$y[n] = -\sum_{k=1}^{N} a_k y[n-k] + \sum_{k=0}^{N} b_k x[n-k] \tag{10.1}$$

ただし，N はディジタルフィルタの次数 (order) を表す．a_k, b_k をフィルタ係数と呼ぶ．■

式 (10.1) で表現されるディジタルフィルタを上述の演算器で構成すると図 10.1 になる．

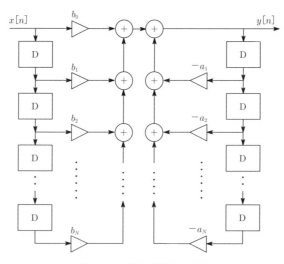

図 10.1 差分方程式の構成

ここで，ディジタルフィルタが**因果的** (causal) になるための条件を示す．
定義 10.2（初期休止条件） $n < n_0$ で入力 $x[n] = 0$ であるとき，$n < n_0$ で

出力 $y[n] = 0$ となることを初期休止条件 (initial rest condition) と呼ぶ.
この条件は $n > n_0$ での $y[n]$ を再帰的に求める十分条件となる. ■

　式 (10.1) において $n_0 = 0$ として, 初期休止条件を考えると, ディジタル
フィルタの出力 $y[n]$ が, 現在と過去の入力 $x[n], x[n-1], \ldots, x[n-N]$, お
よび過去の出力 $y[n-1], \ldots, y[n-N]$ で定められること, すなわち因果的と
なる. またディジタルフィルタの因果性は, フィルタのインパルス応答 $h[n]$ で
も記述できる.

定義10.3 （因果的フィルタのインパルス応答） ディジタルフィルタが因果的
であるための必要十分条件は, $n < 0$ で $h[n] = 0$ である. ■

　次に再帰型 (recursive) フィルタと非再帰型 (non-recursive) フィルタを定
義する.

定義10.4 （再帰型と非再帰型） 式 (10.1) において, $\exists k, a_k \neq 0$ のとき, **再
帰型フィルタ**と呼ぶ. 一方, $\forall k, a_k = 0$ のとき, **非再帰型フィルタ**と呼
ぶ. ■

　図 10.2 (a), (b) に再帰型フィルタ, 非再帰型フィルタの例を示す. 同図 (a),
(b) の差分方程式は, $y[n] - y[n-1] = x[n] - x[n-1]$, $y[n] = x[n] + x[n-1] + x[n-2]$ である.

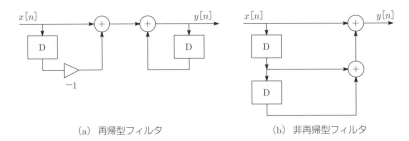

(a) 再帰型フィルタ　　　　　　(b) 非再帰型フィルタ

図 **10.2**　フィルタの例

　さて, ディジタルフィルタは LTI システムであるため, 入出力関係はインパ
ルス応答 $h[n]$ を通して

$$y[n] = x[n] * h[n]$$

$$= \sum_{k=-\infty}^{\infty} h[k]x[n-k]$$

で表される．ここで LTI システムを因果的な次数[†] N の FIR フィルタ ($a_k = 0$ ($k = 1, \ldots, N$)) と仮定すると

$$h[n] = 0 \qquad (n < 0 \, \text{かつ} \, n \geq N)$$

このとき

$$y[n] = \sum_{k=0}^{N-1} h[k]x[n-k] \tag{10.2}$$

一方，図 10.3 の非再帰型フィルタは

$$y[n] = \sum_{k=0}^{N-1} b_k x[n-k] \tag{10.3}$$

となり，式 (10.2) と式 (10.3) より

$$b_k = h[k] \qquad (k = 0, \ldots, N-1) \tag{10.4}$$

すなわち非再帰型フィルタの係数 b_k は，そのフィルタのインパルス応答 $h[k]$ に等しい．

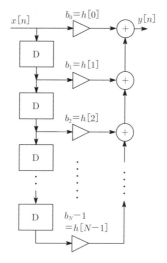

図 **10.3**　非再帰型フィルタ

[†]　FIR の場合，フィルタの長さ (length) という場合もある．

10·2 周波数選択フィルタ

ディジタルフィルタの特性は，その周波数応答 $H(\Omega)$ の振幅特性 $|H(\Omega)|$ と位相特性 $\angle H(\Omega)$ によって定められる．本節では周波数応答 $H(\Omega)$ について考察し，$|H(\Omega)|$ と周波数によって規定される**周波数選択** (frequency selective) **フィルタ**について述べる．

10.2.1 周波数応答

定義 10.5（**固有関数**）　入力 $x[n]$, 出力 $y[n]$ をもつ線形時不変システム（ディジタルフィルタ）L の**固有関数** (eigen function) とは

$$y[n] = L\big[x[n]\big] = \lambda x[n]$$

を満たす関数 $x[n]$ を指し，定数 λ を固有関数に対応する**固有値** (eigen value) という．　■

複素指数信号

$$e^{jn\Omega} \qquad (n \text{ は実数}, \Omega \text{ は定数}) \tag{10.5}$$

がディジタルフィルタ L の固有関数であることを導出しよう．L の出力はインパルス応答 $h[n]$ と入力信号 $x[n] = e^{jn\Omega}$ の畳込みで表されるので

$$y[n] = x[n] * h[n] = \sum_{k=-\infty}^{\infty} x[n-k]h[k]$$

$$= \sum_{k=-\infty}^{\infty} h[k]e^{j\Omega(n-k)} = e^{jn\Omega} \sum_{k=-\infty}^{\infty} h[k]e^{-jk\Omega}$$

$$\triangleq H(\Omega)e^{jn\Omega} \tag{10.6}$$

上式は，入力信号 $e^{jn\Omega}$ の出力信号が入力と同じ周波数 Ω をもつ複素指数信号に係数 $H(\Omega)$ を乗じたものとなることを示す．

定義 10.6（**周波数応答**）　インパルス応答 $h[n]$ に対し

$$H(\Omega) \triangleq \sum_{k=-\infty}^{\infty} h[k]e^{-jk\Omega} \tag{10.7}$$

を，**周波数応答** (frequency response) と呼ぶ．　■

上式は $H(\Omega)$ が複素指数信号に対する L の固有値であること，およびインパルス応答 $h[n]$ の離散時間フーリエ変換が周波数応答 $H(\Omega)$ であることを示す．

$H(\Omega)$ は一般に，複素指数信号の周波数 Ω の複素関数である．$H(\Omega)$ は実部
と虚部で

$$H(\Omega) \triangleq H_R(\Omega) + jH_I(\Omega) \tag{10.8}$$

$$H_R(\Omega) = \sum_{k=-\infty}^{\infty} h[k]\cos\Omega k \tag{10.9}$$

$$H_I(\Omega) = -\sum_{k=-\infty}^{\infty} h[k]\sin\Omega k \tag{10.10}$$

もしくは絶対値部（**振幅特性**）と偏角部（**位相特性**）で

$$H(\Omega) \triangleq \left|H(\Omega)\right|e^{j\angle H(\Omega)} \tag{10.11}$$

と表すことができる．ここで

$$\left|H(\Omega)\right|^2 = H(\Omega)\overline{H(\Omega)} = H_R^2(\Omega) + H_I^2(\Omega) \tag{10.12}$$

$$\angle H(\Omega) = \tan^{-1}\frac{H_I(\Omega)}{H_R(\Omega)} \tag{10.13}$$

　周波数応答は，システムにおいて入力信号が複素指数信号の周波数 Ω でフィ
ルタリングされるときに出力信号の振幅や位相がどのように変化するかを与え
る．ディジタルフィルタの線形性より，ある入力信号を複素指数信号の総和に
分解することができるとき，出力信号がどのようになるか調べることができる．
　$h[n]$ が実数，すなわち実インパルス応答のとき，以下が成り立つ．

$$H(-\Omega) = \overline{H(\Omega)} \tag{10.14}$$

$$\left|H(\Omega)\right| = \left|H(-\Omega)\right| \tag{10.15}$$

$$\angle H(\Omega) = -\angle H(-\Omega) \tag{10.16}$$

$$H_R(\Omega) = H_R(-\Omega) \tag{10.17}$$

$$H_I(\Omega) = -H_I(-\Omega) \tag{10.18}$$

ところで，式 (10.5) で表される入力信号 $e^{jn\Omega}$ の出力は式 (10.6) のように

$$\begin{aligned} y[n] &= H(\Omega)e^{jn\Omega} \\ &= \left|H(\Omega)\right|e^{j\angle H(\Omega)} \cdot e^{jn\Omega} \\ &= \left|H(\Omega)\right|e^{j\Omega\left(n-\left(-\frac{\angle H(\Omega)}{\Omega}\right)\right)} \end{aligned} \tag{10.19}$$

となり，出力は入力と同じ周波数 Ω をもつ複素指数信号である．また，上式よ

り入力に比べて出力は $-\angle H(\Omega)/\Omega$ 時間遅れていることになる.

いま，$h[n]$ は実数であるから，式 (10.19) の両辺の共役をとると

$$
\begin{aligned}
\overline{y[n]} &= \overline{H(\Omega) \cdot e^{j\Omega n}} \\
&= \overline{H(\Omega)} \cdot e^{-j\Omega n} \\
&= H(-\Omega) \cdot e^{-j\Omega n} \quad (\because 式(10.14), 式(10.15), 式(10.16)\,より) \\
&= \Big| H(-\Omega) \Big| e^{j\angle H(-\Omega)} \cdot e^{-j\Omega n} \\
&= \Big| H(\Omega) \Big| e^{-j\angle H(\Omega)} \cdot e^{-j\Omega n} \\
&= H(\Omega) e^{-j\Omega n}
\end{aligned}
\tag{10.20}
$$

これは入力信号 $e^{-j\Omega n}$ に対するシステムの応答と解釈できる.

ここで，コサイン信号 $\cos \Omega n$ の応答を考えよう.

$$
\cos \Omega n = \frac{e^{j\Omega n} + e^{-j\Omega n}}{2}
$$

であるから，入力 $\cos \Omega n$ の応答 $y^{\cos}[n]$ は線形性を考え，式 (10.19) と式 (10.20) を重ね合わせて

$$
\begin{aligned}
y^{\cos}[n] &= \frac{1}{2}\Big(y[n] + \overline{y[n]} \Big) \\
&= \Big| H(\Omega) \Big| \cos\Big(\Omega n + \angle H(\Omega) \Big) \\
&= \mathrm{Re}\Big[H(\Omega) e^{j\Omega n} \Big]
\end{aligned}
$$

そして，サイン信号 $\sin \Omega n$ の応答 $y^{\sin}[n]$ は

$$
\sin \Omega n = \frac{e^{j\Omega n} - e^{-j\Omega n}}{2j}
$$

であるから

$$
\begin{aligned}
y^{\sin}[n] &= \frac{1}{2j}\Big(y[n] - \overline{y[n]} \Big) \\
&= \Big| H(\Omega) \Big| \sin\Big(\Omega n + \angle H(\Omega) \Big) \\
&= \mathrm{Im}\Big[H(\Omega) e^{j\Omega n} \Big]
\end{aligned}
$$

問 10.1　入力信号が $\Omega_1, \ldots, \Omega_N$ の周波数の複素指数関数の線形結合

$$x[n] = \sum_{k=1}^{N} \alpha_k e^{jn\Omega_k}$$

に対する出力信号を求めよ.

定義 10.7（位相遅延・群遅延）

$$\tau_p(\Omega) = -\frac{\angle H(\Omega)}{\Omega} \tag{10.21}$$

を**位相遅延** (phase delay) と呼ぶ.

位相特性を周波数で微分し, 負符号をつけた量

$$\tau_g(\Omega) = -\frac{d\angle H(\Omega)}{d\Omega} \tag{10.22}$$

を**群遅延** (group delay) と呼ぶ. ∎

10.2.2　理想フィルタ

図 10.4 に**理想フィルタ** (ideal filter) の振幅特性を示す. 同図 (a)～(d) をそれぞれ, **ローパス** (low-pass), **ハイパス** (high-pass), **帯域通過** (bandpass), **帯域阻止** (bandstop) フィルタと呼ぶ. 振幅特性において $|H(\Omega)| = 1$ となる周波数範囲を**通過域** (passband) と呼び, 逆に $|H(\Omega)| = 0$ のとき, **阻止域** (stopband) と呼ぶ. 通過域と阻止域の境界に位置する周波数 Ω_c が**カットオフ周波数**であり, 理想フィルタではカットオフ周波数で振幅特性が不連続となる. ここで理想ローパスフィルタ（同図 (a)）の周波数応答 $H(\Omega)$ を考えよう.

$$H(\Omega) = \begin{cases} 1 & (|\Omega| \leq \Omega_c) \\ 0 & (\text{その他}) \end{cases}$$

となり, そのインパルス応答 $h[n]$ は, $h[n] \overset{\text{DTFT}}{\longleftrightarrow} H(\Omega)$ に注意して

$$h[n] = \frac{\sin(n\Omega_c)}{n\pi} = \frac{\Omega_c}{\pi} \cdot \text{sinc}(n\Omega_c)$$

となる. 明らかに $n < 0$ で $h[n] = 0$ という因果性の必要十分条件（**定義 10.3**）を満たさないので, 理想ローパスフィルタは非因果的である. よって実時間信号処理では実現不可能である. また, $H(\Omega)$ は通過域と阻止域との間で鋭いカットオフをもち得ない. つまり $H(\Omega)$ が急激に 1 から 0 に落ちることはあり得ないのである. これらのことは理想フィルタ一般に成り立つことに注意されたい.

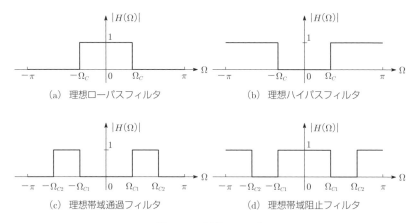

図 **10.4**　理想フィルタ

🎵 10.2.3　周波数選択フィルタの設計

　理想フィルタのもつ周波数応答の特性は望ましいが，物理的に実現できない．しかし，条件を緩めることにより，理想フィルタに近い因果的フィルタが実現可能である．特に振幅特性 $|H(\Omega)|$ がフィルタの通過域において均一の値をとることは必要ではない．図 10.5 に示されるような通過域における小さなリップル (ripple) は許容でき，阻止域においても同様である．

　通過域から阻止域までの周波数応答の移行部分が図 10.5 に示されるように**遷移域** (transition band) である．周波数 Ω_p が遷移域の始端を示し，周波数 Ω_s が阻止域の始端を示す．したがって，遷移域の幅は $\Omega_s - \Omega_p$ である．通過域の幅をフィルタの**帯域** (bandwidth) と呼ぶ．フィルタの遷移域にリップルがあった場合，その値は δ_1 のように示され振幅特性 $|H(\Omega)|$ は $1 \pm \delta_1$ の範囲内で変化する．フィルタの阻止域のリップルは δ_2 のように示される．通過域におけるリップルは $20 \log_{10} \delta_1$〔dB〕となり，阻止域では $20 \log_{10} \delta_2$〔dB〕となる．

　フィルタの設計問題では (1) **最大許容範囲の通過域リップル** δ_1，(2) **最大許容範囲の阻止域リップル** δ_2，(3) **通過域始端周波数** Ω_p，(4) **阻止域始端周波数** Ω_s が仕様となる．これらの仕様に従い

$$H(\Omega) = \frac{\displaystyle\sum_{k=0}^{M-1} b_k e^{-j\Omega k}}{1 + \displaystyle\sum_{k=1}^{N} a_k e^{-j\Omega k}} \tag{10.23}$$

によって与えられる周波数応答において要求仕様に最も近いパラメータ a_k およびび b_k を選ぶことがフィルタ設計といえる. $H(\Omega)$ がどの程度要求仕様に近づくかはそれぞれの係数の個数 M, N, およびフィルタ係数 a_k, b_k の選択に用いられる評価基準に依存する.

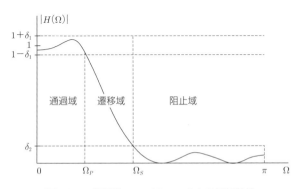

図 **10.5**　実用的ローパスフィルタの振幅特性

10·3　線形位相フィルタ

本節では,線形位相 FIR フィルタの設計方法を述べる.

10.3.1　線形位相

異なる $\Omega_1, \ldots, \Omega_n$ をもつ複素指数信号を線形結合した場合を考える (問 10.1 参照). 各周波数の信号を一定時間遅延させた場合は,元の信号と同一の波形となるが,各周波数の信号をそれぞれ異なる時間遅延させた場合は,元の信号と大きく異なる波形となる. すなわち周波数ごとに異なる位相遅延をうけることによって,波形が歪み,これを**位相歪み** (phase distortion) と呼ぶ. 位相歪みは信号 (波形) 伝送や画像処理において悪影響をおよぼす.

いま,すべての周波数 Ω に対し,位相遅延が一定値 α となるためには,式

(10.21) において

$$\forall \Omega \quad \tau_p(\Omega) = -\frac{\angle H(\Omega)}{\Omega} = \alpha \tag{10.24}$$

が成り立つ必要がある．これより線形位相 (linear phase) を定義する．

定義 10.8（**線形位相**） 位相特性 $\angle H(\Omega)$ が周波数 Ω に対して線形であるとき，すなわち

$$\angle H(\Omega) = -\alpha\Omega$$

のとき，位相特性が**線形位相**であるという．

線形位相特性での群遅延は

$$\tau_g(\Omega) = \alpha$$

である． ∎

10.3.2 線形位相の FIR フィルタ

長さ（次数）M の FIR フィルタは，インパルス応答 $h[n]$ を用いて入力信号 $x[n]$ と出力信号 $y[n]$ との間で

$$y[n] = \sum_{k=0}^{M-1} h[k]x[n-k]$$

の関係がある（式 (10.2) 参照）．

一方，フィルタはその伝達関数（システム関数）$H(z)$ によっても定めることができ，インパルス応答の z 変換として以下に表される．

$$H(z) = \sum_{k=0}^{M-1} h[k]z^{-k} \tag{10.25}$$

ここで上式は変数 z^{-1} の $M-1$ 次多項式とみなすことができ，この多項式の根はフィルタの零点となる．

性質 10.1 FIR フィルタはそのインパルス応答が

$$h[n] = \pm h[M-1-n] \quad (n = 0, 1, \ldots, M-1) \tag{10.26}$$

を満足するとき線形位相をもつ．上式で符号が正，負のときそれぞれ**対称・反対称条件**という． ∎

図 10.6，10.7 に対称・反対称条件を満たすインパルス応答の例を示す．

式 (10.26) を考慮し，伝達関数を考えると

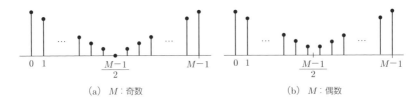

(a) M：奇数 (b) M：偶数

図 **10.6** 対称条件を満たすインパルス応答

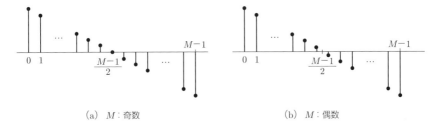

(a) M：奇数 (b) M：偶数

図 **10.7** 反対称条件を満たすインパルス応答

$$
H[z] = h[0] + h[1]z^{-1} + h[2]z^{-2} + \cdots \\
+ h[M-2]z^{-(M-2)} + h[M-1]z^{-(M-1)}
$$

$$
= \begin{cases}
z^{-(M-1)/2}\Bigg\{h\left[\dfrac{M-1}{2}\right] \\
\qquad + \displaystyle\sum_{n=0}^{\frac{M-1}{2}-1} h[n]\left(z^{(\frac{M-1}{2}-n)} \pm z^{-(\frac{M-1}{2}-n)}\right)\Bigg\} \\
\hfill (M \text{ は奇数}) \\
z^{-(M-1)/2}\displaystyle\sum_{n=0}^{\frac{M}{2}-1} h[n]\left(z^{(\frac{M-1}{2}-n)} \pm z^{-(\frac{M-1}{2}-n)}\right) \\
\hfill (M \text{ は偶数})
\end{cases}
$$

$$(10.27)$$

を得る.

いま，式 (10.25) において z に z^{-1} を代入し，$z^{-(M-1)}$ を両辺に乗ずると

$$z^{-(M-1)}H(z^{-1}) = \pm H(z) \tag{10.28}$$

を得る．この結果は多項式 $H(z)$ の根は多項式 $H(z^{-1})$ の根に等しいことを示す．いい換えれば z_1 が根，つまり $H(z)$ の零点であるとき，$1/z_1$ もまた根である．さらに，フィルタのインパルス応答 $h[n]$ が実数であるならば，根は必ず

複素共役対をなす．すなわち，z_1 が複素根であるとき，その共役 $\overline{z_1}$ もまた根である．さらに式 (10.28) より $\overline{z_1^{-1}} = 1/\overline{z_1}$ もまた根，つまり $H(z)$ の零点となる．図 10.8 が線形位相 FIR フィルタの零点の位置に関する対称性を示す．z_1 が零点のとき，$\overline{z_1}$, z_1^{-1}, $\overline{z_1^{-1}}$ も零点となる．

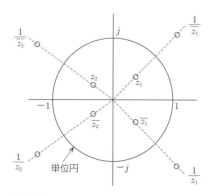

図 **10.8**　線形位相 **FIR** フィルタの零点の位置に関する対称性

問 10.2　式 (10.28) を導け．

　線形位相 FIR フィルタの周波数応答は単位円上で式 (10.27) を評価すること，つまり $z = e^{j\Omega}$ によって得られる．

(1) 対称条件 $h[n] = h[M-1-n]$ が成り立つとき，$H(\Omega)$ は

$$H(\Omega) = H_R(\Omega)e^{-j\Omega(M-1)/2} \tag{10.29}$$

と表される．ここで $H_R(\Omega)$ は実関数で

$$H_R(\Omega) = \begin{cases} h\left[\dfrac{M-1}{2}\right] + 2 \displaystyle\sum_{n=0}^{\frac{M-1}{2}-1} h[n]\cos\Omega\left(\dfrac{M-1}{2} - n\right) & \\ \hspace{6cm} (M \text{ は奇数}) \\ 2 \displaystyle\sum_{n=0}^{\frac{M}{2}-1} h[n]\cos\Omega\left(\dfrac{M-1}{2} - n\right) \hspace{1cm} (M \text{ は偶数}) \end{cases} \tag{10.30}$$

と表される．M が偶数，奇数の何れでもフィルタの位相特性は

$$\angle H(\Omega) = \begin{cases} -\Omega\left(\dfrac{M-1}{2}\right) & (H_R(\Omega) > 0 \text{ のとき}) \\[3mm] -\Omega\left(\dfrac{M-1}{2}\right) + \pi & (H_R(\Omega) < 0 \text{ のとき}) \end{cases} \tag{10.31}$$

となる．対称のインパルス応答に対し，周波数応答を定めるフィルタ係数の数は M が奇数のとき $(M+1)/2$，M が偶数であるとき $M/2$ である.

(2) 反対称条件 $h[n] = -h[M-1-n]$ が成り立つとき，M が奇数の場合，反対称の中心点は $n = (M-1)/2$ となり，$h[(M-1)/2] = 0$ となる．一方，M が偶数の場合，$h[n]$ の各項は，逆符号の対応する項をもつ．FIR フィルタの周波数応答は

$$H(\Omega) = H_R(\Omega) \cdot j e^{j[-\Omega(M-1)/2]} = H_R(\Omega) e^{j[-\Omega(M-1)/2 + \pi/2]} \tag{10.32}$$

となる．このとき

$$H_R(\Omega) = \begin{cases} 2\displaystyle\sum_{n=0}^{\frac{M-1}{2}-1} h[n] \sin\Omega\left(\dfrac{M-1}{2} - n\right) & (M \text{ は奇数}) \\[3mm] & \tag{10.33} \\[3mm] 2\displaystyle\sum_{n=0}^{\frac{M}{2}-1} h[n] \sin\Omega\left(\dfrac{M-1}{2} - n\right) & (M \text{ は偶数}) \end{cases}$$

$$\tag{10.34}$$

M が奇数，偶数の何れでもフィルタの位相特性は

$$\angle H(\Omega) = \begin{cases} -\Omega\left(\dfrac{M-1}{2}\right) + \dfrac{\pi}{2} & (H_R(\Omega) > 0 \text{ のとき}) \\[3mm] -\Omega\left(\dfrac{M-1}{2}\right) + \dfrac{3\pi}{2} & (H_R(\Omega) < 0 \text{ のとき}) \end{cases} \tag{10.35}$$

となる．反対称のインパルス応答では，フィルタ係数の数は M が奇数の場合 $(M-1)/2$，M が偶数の場合 $M/2$ となる.

これらの周波数応答は対称・反対称のインパルス応答をもつ線形位相 FIR フィルタを設計するのに使われる．対称・反対称のインパルス応答の選択は応用に依存する．対称条件では $\Omega = 0$ で非零応答をもつ線形位相 FIR フィルタを構成できる．つまり，式 (10.30) より

$$H_R(0) = \begin{cases} h\left[\dfrac{M-1}{2}\right] + 2\displaystyle\sum_{n=0}^{\frac{M-1}{2}-1} h[n] & (M \text{ は奇数}) \\[3mm] 2\displaystyle\sum_{n=0}^{\frac{M}{2}-1} h[n] & (M \text{ は偶数}) \end{cases} \tag{10.36}$$

一方，反対称の条件で M が奇数の場合は，式 (10.33) より $H_R(0) = 0$，$H_R(\pi) = 0$ となるため，ローパスフィルタにもハイパスフィルタにも適さない．同様に，式 (10.34) から M が偶数の場合の反対称インパルス応答でも $H_R(0) = 0$ となる．したがって，反対称条件をローパス線形位相 FIR フィルタの設計では使用しない．

FIR フィルタ設計の問題は FIR フィルタの所望の周波数応答 $H_d(\Omega)$ の仕様から M 個の係数 $h[n]$ $n = 0, 1, \ldots, M-1$ を決定することである．$H_d(\Omega)$ の仕様で重要なパラメータは 10.2.3 項で示した通りである．

10.3.3 窓関数を用いた線形位相 FIR フィルタ設計

所望の周波数応答 $H_d(\Omega)$ を与え，それに対応するインパルス応答 $h_d[n]$ を決定することを考える．$h_d[n]$ と $H_d(\Omega)$ との関係は，離散時間フーリエ変換を通して

$$H_d(\Omega) = \sum_{n=-\infty}^{\infty} h_d[n]e^{-j\Omega n} \tag{10.37}$$

$$h_d[n] = \frac{1}{2\pi}\int_{-\pi}^{\pi} H_d(\Omega)e^{j\Omega n}d\Omega \tag{10.38}$$

で与えられる．

一般に式 (10.38) から得られるインパルス応答 $h_d[n]$ は無限に続くので長さ M の FIR フィルタを作るために $n = M-1$ で打ち切る必要がある．$h_d[n]$ を 0 から $M-1$ 以外で切り捨てることは

$$w[n] = \begin{cases} 1 & (n = 0, 1, \ldots, M-1) \\ 0 & (\text{その他}) \end{cases} \tag{10.39}$$

で定義される矩形窓の関数 $w[n]$ を $h_d[n]$ に乗算することと等価である．したがって，FIR フィルタのインパルス応答は

$$h[n] = h_d[n]w[n] = \begin{cases} h_d[n] & (n = 0, 1, \ldots, M-1) \\ 0 & (その他) \end{cases} \tag{10.40}$$

となる.

所望の周波数応答 $H_d(\Omega)$ における窓関数の効果を考える. 窓関数 $w[n]$ と $h_d[n]$ の時間領域での積は $H_d(\Omega)$ と $w[n]$ の離散時間フーリエ変換 $W(\Omega)$ の周波数領域において畳込みとなることを思い出そう. すなわち FIR フィルタの周波数応答は以下で与えられる.

$$H(\Omega) = \frac{1}{2\pi} \int_{-\pi}^{\pi} H_d(\theta)W(\Omega - \theta)d\theta \tag{10.41}$$

ただし

$$W(\Omega) = \sum_{n=0}^{M-1} w[n]e^{-j\Omega n} \tag{10.42}$$

矩形窓のフーリエ変換は

$$W(\Omega) = \sum_{n=0}^{M-1} e^{-j\Omega n} = \frac{1 - e^{-j\Omega M}}{1 - e^{-j\Omega}} = e^{-j\Omega(M-1)/2}\frac{\sin(\Omega M/2)}{\sin(\Omega/2)} \tag{10.43}$$

となり, この窓関数の振幅特性は

$$|W(\Omega)| = \frac{|\sin(\Omega M/2)|}{|\sin(\Omega/2)|} \qquad (|\Omega| \leq \pi) \tag{10.44}$$

および位相特性は

$$\angle W(\Omega) = \begin{cases} -\Omega\left(\dfrac{M-1}{2}\right) & (\sin(\Omega M/2) \geq 0 \text{ のとき}) \\ -\Omega\left(\dfrac{M-1}{2}\right) + \pi & (\sin(\Omega M/2) < 0 \text{ のとき}) \end{cases} \tag{10.45}$$

となる.

第8章で述べたように矩形窓の振幅特性は, メインローブとサイドローブからなる. 矩形窓のメインローブの幅 (最初に $W(\Omega) = 0$ となる周波数までの間隔) は $4\pi/M$ なので M が増加するにつれてメインローブは狭くなる. 一方, サイドローブは比較的高く, M の増加に従い各サイドローブの幅が縮小される

とき，各サイドローブの高さは増大する．つまり，各サイドローブの面積は M の変化に対して一定である．

このような矩形窓の特性は，$h_d[n]$ を長さ M で打ち切ることで得られる FIR フィルタの周波数応答に大きな影響をおよぼす．$H_d(\Omega)$ と $W(\Omega)$ の畳込み（式 (10.41)）は $H_d(\Omega)$ を $W(\Omega)$ により平滑化 (smoothing) することに相当する．M の増加にしたがって，$W(\Omega)$ のメインローブは狭くなり，$W(\Omega)$ による平滑化効果は減少する．一方，$W(\Omega)$ の大きなサイドローブは，FIR フィルタの周波数応答 $H(\Omega)$ においてリップル（振動）を生じさせる．リップルは**ギブスの現象** (Gibbs phenomenon) と呼ばれるもので，$W(\Omega)$ と $H_d(\Omega)$ との畳込みで，$W(\Omega)$ の大きなサイドローブが，$H_d(\Omega)$ の不連続部を横切って移動するときリップルが起こる．

これらの望ましくない現象は時間領域において不連続点を含まず，かつ周波数領域において低いサイドローブをもつ窓関数の使用により軽減される．第8章の表8.1 にこのような窓関数を複数示した．これらの窓関数は矩形窓と比較して低いサイドローブをもつ一方，同じ M の値に対し，矩形窓と比較してメインローブの幅もまた広くなる．これらの窓関数は周波数領域における畳込みを通じて平滑化効果をより大きくし，その結果として，FIR フィルタ応答における遷移域はより広くなる．この遷移域の幅を狭めるためには窓関数の長さを大きくする必要があり，より大きなフィルタによる実現を余儀なくされる．

演習問題

(1) 図 10.9 のブロックダイアグラムで表されるディジタルフィルタ S_1 について，以下の問に答えよ.

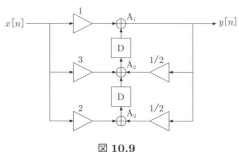

図 10.9

  (i) 図中の 3 つの加算器 A_1, A_2, A_3 の出力を，それぞれ $p_1[n]$, $p_2[n]$, $p_3[n]$ とおく（したがって $p_1[n] = y[n]$）. このとき，加算器 A_1 における入出力関係は $p_1[n] = x[n] + p_2[n-1]$ となる．同様に，加算器 A_2 および A_3 における入出力関係を求めよ.

  (ii) 問 (i) において，$p_1[n]$, $p_2[n]$, $p_3[n]$ を消去することにより，$x[n]$ と $y[n]$ に関する差分方程式を求めよ.

 (iii) S_1 の伝達関数を求めよ．また，その極と零点を求めよ.

 (iv) ある入力信号 $x[n]$ を S_1 に入力したところ，次の出力 $y[n]$ が得られた．このときの $x[n]$ を求めよ.

$$y[n] = \begin{cases} 0 & (n < 0) \\ \left(-\dfrac{1}{2}\right)^n & (n \geq 0) \end{cases}$$

  (v) S_1 の出力に，伝達関数が $\frac{z-1}{z+1}$ で与えられるディジタルフィルタ S_2 を縦続接続したディジタルフィルタを考え，その全体を S とおく．S の伝達関数を求めよ．また，S の周波数特性は，すべての周波数に渡ってゲイン（周波数特性の絶対値）が一定となることを示せ.

(2) 図 10.10 のブロックダイアグラムで表現される因果的なディジタルフィルタ S について，以下の問に答えよ．ただし，a, b, c は相異なる実数とする.

  (i) S の伝達関数 $H(z)$ を求めよ．また，その極と零点を求めよ.

  (ii) S のインパルス応答 $h[n]$ を求めよ．また，$\displaystyle\lim_{n \to \infty} h[n] = 0$ となるための条件を求めよ.

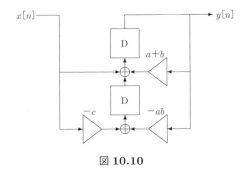

図 **10.10**

(iii) S に対し，入力として $x[n] = e^{j\Omega n}u[n]$ を加えたときの出力 $y[n]$ を求めよ．また，その結果を基に，S が問 (ii) で求めた条件を満足する場合，時間が十分経過したときの出力が $y[n] = H(e^{j\Omega})x[n]$ となることを示せ．

(3) 図 10.11 のブロックダイアグラムで表現されるディジタルフィルタ S について，以下の問に答えよ．

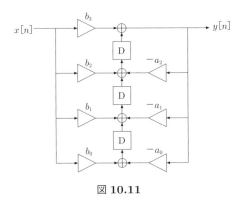

図 **10.11**

(i) S の伝達関数 $H(z)$ は $H(z) = \frac{b_3 z^3 + b_2 z^2 + b_1 z + b_0}{z^3 + a_2 z^2 + a_1 z + a_0}$ となることを示せ．

(ii) S が FIR フィルタとなるための条件を示せ．

(iii) $a_0 = 0$, $a_1 = a_2 = 2$, $b_0 = 0$, $b_1 = b_2 = b_3 = 1$ のとき，S の BIBO 安定性について論ぜよ．

(iv) $a_0 = \frac{1}{2}$, $a_1 = -1$, $a_2 = -\frac{1}{2}$, $b_0 = 0$, $b_1 = b_2 = -1$, $b_3 = 3$ のとき，S のインパルス応答を求めよ．

(v) $a_0 = a_1 = b_1 = 0$, $a_2 = b_0 = -\frac{1}{2}$, $b_2 = \frac{3}{2}$, $b_3 = 1$ のとき，S の振幅特性 $|H(\Omega)|$ および位相特性 $\angle H(\Omega)$ を求めよ．また，$0 \le \Omega \le \pi$にお

けるこれらの値を図示せよ.

(4)　入出力関係が図 10.12 のブロックダイアグラムで表現される因果的なディジタ
ルフィルタ S を考える.ただし,a は 0 でない実数とする.次の問に答えよ.

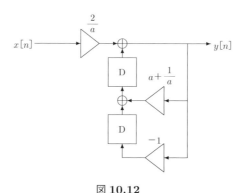

図 **10.12**

(i)　S の入出力差分方程式,および伝達関数を求めよ.

(ii)　S の極を求め,BIBO 安定性について論ぜよ.

(iii)　次式で与えられる入力信号 $x[n]$ の z 変換を求めよ.

$$x[n] = \begin{cases} 0 & (n < 0) \\ 1 & (n = 0) \\ -2 & (n > 0) \end{cases} \tag{10.46}$$

(iv)　$a = 3$ とする.式 (10.46) で与えられる入力 $x[n]$ に対するディジタルフィ
ルタ S の出力 $y[n]$ を求めよ.

(5)　伝達関数 $H(z)$ が

$$H(z) = \frac{z^2 + b_1 z + b_0}{z^2 + a_1 z + a_0}$$

で与えられる因果的なディジタルフィルタ S を考える.以下の問に答えよ.

(i)　S の入出力差分方程式を求めよ.また,S をブロックダイアグラムを用い
て表現せよ.

(ii)　$a_1 = b_1 = 0$ かつ $a_0 \neq b_0$ のとき,S の極と零点を求めよ.また,S が
BIBO 安定となるための条件を求めよ.

(iii)　$a_1 = -\frac{4}{3}$, $a_0 = \frac{1}{3}$, $b_1 = b_0 = 0$ のとき,S のインパルス応答を求めよ.

(iv)　$a_1 = a_0 = 0$, $b_1 = 1$, $b_0 = 0$ のとき,S の周波数応答を求め,振幅特性
と位相特性を図示せよ.

(6) 図 10.13 のブロックダイアグラムで表されるディジタルフィルタ S_1 およびその逆システム S_2 について，以下の問に答えよ．ただし，a は正の定数とする．

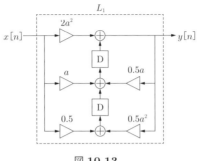

図 10.13

(i) S_1 の伝達関数 $H_1(z)$ を求めよ．

(ii) $H_1(z)$ の極と零点をすべて求め，z 平面上に図示せよ．

(iii) S_2 の伝達関数 $H_2(z)$ は $H_1(z)$ の逆数となることを示せ．

(iv) S_1 と S_2 がともに BIBO 安定となるために定数 a が満たすべき条件を示せ．

(7) 入出力関係がそれぞれ次式で与えられる 2 つのディジタルフィルタ

$$S_M : y[n] = \frac{1}{2}(x[n] + x[n-1])$$

$$S_D : y[n] = \frac{1}{2}(x[n] - x[n-1])$$

を考える．これらを縦続接続し，さらに信号値を 2 倍にする係数乗算器を縦続接続したディジタルフィルタを S とする．すなわち，S の出力は $y[n] = L[x[n]] = 2S_D[S_M[x[n]]]$ で与えられる．このとき，以下の問に答えよ．

(i) S_M および S_D の振幅特性を導出し，それを根拠として，S_M，S_D がそれぞれどのような周波数成分の低減に適しているか論ぜよ．

(ii) S の伝達関数を求めよ．また，その結果を基に S をブロックダイアグラムで表せ．

(iii) S の振幅特性と位相特性を求め，図示せよ．また，その結果を基に，S がどのような周波数成分を通過または減衰させるフィルタとして機能するか論ぜよ．

(8) 次のような周波数応答をもつローパス線形位相 FIR フィルタ（Ω_c はカットオフ周波数）を対称条件の下で設計せよ．

$$H_d(\Omega) = \begin{cases} 1 \cdot e^{-j\Omega(M-1)/2} & (0 \le |\Omega| \le \Omega_c) \\ 0 & (その他) \end{cases} \tag{10.47}$$

第11章　離散コサイン変換とウェーブレット変換

本章では，離散コサイン変換 DCT (Discrete Cosine Transform) について述べる．離散コサイン変換は，離散フーリエ変換 DFT と密接な関係をもつが，実信号に対し，DCT を作用しても実数の値しか取らないという，DFT にない性質をもつ．また，2乗誤差最小という意味で最適な変換であるカルーネン・レーベ変換 (Karhunen–Loeve Transform：KLT) を近似するという好ましい性質もあわせもつ．また，DCT には高速変換アルゴリズムも存在するため，静止画像，映像，音声のデータ圧縮方式である JPEG (Joint Photographic Experts Group)，MPEG (Moving Picture Experts Group)，MP3 (MPEG Audio Layer-3) にも用いられており，現代のディジタル機器の基盤をなす技術になっている．さらに，音声のような非定常信号の解析にしばしば利用されるウェーブレット変換 (wavelet transformation) についても述べる．

11·1　直交関数系

離散コサイン変換は，離散フーリエ変換や KLT と同様に数学的には直交変換である．はじめに直交関数系を説明する．

定義 11.1（関数の直交・正規直交） $a \leq t \leq b$ で定義されている関数の集合 $\{\phi_k(t)\}$ が直交する (orthogonal) あるいは直交系をなすとき，またそのときに限り

$$\int_a^b \phi_k(t)\overline{\phi_\ell(t)}dt = C\delta_{k\ell}$$

ただし，$\delta_{k\ell}$ はクロネッカーのデルタ $\delta_{k\ell} = \begin{cases} 1 & (k = \ell) \\ 0 & (k \neq \ell) \end{cases}$ である．また，$C = 1$ のとき $\{\phi_k(t)\}$ は正規直交系 (orthonormal) をなすという．　■

例えば，$-\frac{T}{2} \leq t \leq \frac{T}{2}$ で定義された複素指数関数の集合 $\{\exp(jk\omega_0 t)\}$ $(\omega_0 = \frac{2\pi}{T})$ は

$$\frac{1}{T} \int_{-\frac{T}{2}}^{\frac{T}{2}} \exp[j(k-\ell)\omega_0 t]dt = \begin{cases} 1 & (k = \ell) \\ 0 & (k \neq \ell) \end{cases}$$

であるから，正規直交系である.

定義 11.2（系列の正規直交） 系列の集合 $\{\phi_k[n]\}$ $(n = 1, 2, \ldots)$ が正規直交系をなすとき，またそのときに限り

$$\sum_n \phi_k[n]\overline{\phi_\ell[n]} = \delta_{k\ell}$$

定義 11.3（ユニタリ行列・直交行列） $\phi_{k\ell} \triangleq \phi_k[\ell]$ を要素とする行列 $V = (\phi_{k\ell})$ について V^* を V の共役転置行列，I を単位行列とする．$VV^* = I$ が成り立つとき V をユニタリ行列という．V が実行列なら $V^* = V^T$ となり，直交行列という.

性質 11.1 2 つのベクトル $\mathbf{X}$, $\mathbf{x}$ について

$$\mathbf{X} = V\mathbf{x}$$
$$\mathbf{x} = V^{-1}\mathbf{X} = V^*\mathbf{X}$$

11·2　1 次元 DCT

11.2.1　DCT の数式表現

定義 11.4（離散コサイン変換） 実数値を取る N 個の離散時間信号 $x[n]$ $(n = 0, \ldots, N-1)$ の 1 次元 DCT $X[k]$ は次式で定義される.

$$X[k] = C_k \sum_{n=0}^{N-1} x[n] \cos \frac{(2n+1)k\pi}{2N} \qquad (k = 0, \ldots, N-1) \quad (11.1)$$

$$C_k = \begin{cases} \sqrt{\dfrac{1}{N}} & (k = 0) \\[2mm] \sqrt{\dfrac{2}{N}} & (k \neq 0) \end{cases}$$

　　ここで，$X[k]$ を **DCT 係数**と呼ぶ． ■

　注意すべきは，実信号に対する DCT 係数 $X[k]$ が実数という点である．実信号の DFT が一般に，複素数値をとることと大きく異なる．なお，DCT には上の定義以外のものも存在するが，本書では次章との関係から**定義 11.4** を採用する．

11.2.2 DCT の行列表現

定義 11.5（DCT 行列）

$$u_{ij} = C_i \cos \frac{(2j+1)i}{2N}\pi$$

を要素とする $N \times N$ 行列

$$U = (u_{ij})$$

を **DCT 行列**と呼ぶ．また，u_{ij} を **DCT 基底**と呼ぶ．

$$U = \sqrt{\frac{2}{N}}
\begin{pmatrix}
\frac{1}{\sqrt{2}} & \frac{1}{\sqrt{2}} & \frac{1}{\sqrt{2}} & \cdots & \frac{1}{\sqrt{2}} \\
\cos\frac{\pi}{2N} & \cos\frac{3\pi}{2N} & \cos\frac{5\pi}{2N} & \cdots & \cos\frac{(2N-1)}{2N}\pi \\
\cos\frac{2\pi}{2N} & \cos\frac{3\cdot2\pi}{2N} & \cos\frac{5\cdot2\pi}{2N} & \cdots & \cos\frac{(2N-1)}{2N}2\pi \\
& & \vdots & & \\
\cos\frac{(N-1)}{2N}\pi & \cos\frac{3(N-1)}{2N}\pi & \cos\frac{5(N-1)}{2N}\pi & \cdots & \cos\frac{(2N-1)(N-1)}{2N}\pi
\end{pmatrix}$$

■

定義 11.6（行列表現の DCT） N 次元信号ベクトル $\mathbf{x}$，N 次元（点）DCT 係数ベクトル $\mathbf{X}$

$$\mathbf{x} = \begin{bmatrix} x[0] \\ \vdots \\ x[N-1] \end{bmatrix}, \quad \mathbf{X} = \begin{bmatrix} X[0] \\ \vdots \\ X[N-1] \end{bmatrix}$$

とするとき，DCT 変換は

$$\mathbf{X} = U\mathbf{x}$$

と行列表現される．ここに，U は DCT 行列である． ■

　図 11.1 に $N = 8$ のときの DCT 基底を示す．k が大きくなるのに従い，基底を表す信号の周波数が高くなることがわかる．

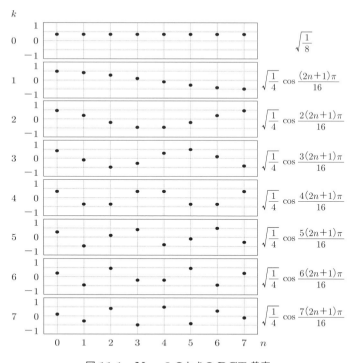

図 11.1　$N = 8$ のときの DCT 基底

　ここで，DCT 行列が直交行列であることを示す．UU^T の ij 要素を $(UU^T)_{ij}$ とする．

$$(UU^T)_{ij} = \sum_{n=0}^{N-1} C_i C_j \cos \frac{i(2n+1)\pi}{2N} \cos \frac{j(2n+1)\pi}{2N}$$

$$= \frac{1}{2} \sum_{n=0}^{N-1} C_i C_j \left(\cos \frac{(i-j)(2n+1)\pi}{2N} + \cos \frac{(i+j)(2n+1)\pi}{2N} \right)$$

$$= \begin{cases} 0 & (i \neq j) \\ 1 \left(= \dfrac{1}{2} \sum_{n=0}^{N-1} C_i^2 \right) & (i = j \neq 0) \\ 1 \left(= \sum_{n=0}^{N-1} C_0^2 \right) & (i = j = 0) \end{cases}$$

$UU^T = I$ ゆえ，DCT 行列 U は直交行列である．

11·3 逆 DCT

DCT 係数ベクトル $\mathbf{X}$ から信号ベクトル $\mathbf{x}$ への変換を逆 DCT (inverse DCT) という．

定義 11.7（逆 DCT） DCT 行列は直交行列であるため

$$\mathbf{x} = U^T \mathbf{X}$$

また，数式で表現すると

$$x[n] = \sum_{k=0}^{N-1} X[k] \left(C_k \cos \frac{(2n+1)k\pi}{2N} \right) \qquad (n = 0, \ldots, N-1)$$

$$(11.2)$$

ところで，DCT の場合にも DFT と同様に以下のパーシバルの等式が成り立つ．

性質 11.2（パーシバルの等式） DCT 係数ベクトル $\mathbf{X}$ と信号ベクトル $\mathbf{x}$ の間で

$$\|\mathbf{x}\|^2 = \|\mathbf{X}\|^2$$

つまり

$$\sum_{n=0}^{N-1} x[n]^2 = \sum_{k=0}^{N-1} X[k]^2$$

が成り立つ.

問 11.1 パーシバルの等式を証明せよ．

11·4 DFT との関係

式 (11.2) より

$$x[n] = x[-1-n]$$
$$x[n] = x[n+2N]$$

が成り立つ．

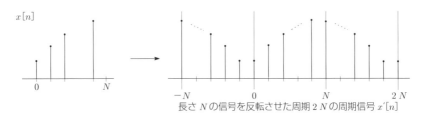

長さ N の信号を反転させた周期 $2N$ の周期信号 $x'[n]$

図 **11.2**　反転拡張信号

いま，図 11.2 のように，長さ N の離散時間信号を反転させ，周期 $2N$ の周期信号を $x'[n]$ $(n = 0, \ldots, 2N - 1)$ とする．このとき

$$x'[n] = \begin{cases} x[n] & (n = 0, \ldots, N - 1) \\ x[2N - 1 - n] & (n = N, \ldots, 2N - 1) \end{cases}$$

$$x'[n] : \underbrace{x[0], \ldots, x[N-1]}_{N\ \text{個}}, \underbrace{x[N-1], \ldots, x[0]}_{N\ \text{個}}$$

$x'[n]$ の DFT を $X'[k]$ とすると

$$X'[k] = \sum_{n=0}^{2N-1} x'[n] W_{2N}^{nk} \tag{11.3}$$

ただし，$W_{2N} = \exp\left(\frac{-j2\pi}{2N}\right)$．

上式を変形して

$$X'[k] = 2W_{2N}^{-\frac{k}{2}} \sum_{n=0}^{N-1} x[n] \cos\left(\frac{(2n+1)k\pi}{2N}\right) \tag{11.4}$$

を得る．ここで，上式の総和の前にかかっている項

$$W_{2N}^{-\frac{k}{2}} = \exp\left(\frac{-j2\pi(-\frac{1}{2}k)}{2N}\right)$$

は周波数 k に対して線形な位相変化を表し，信号を左に $1/2$ シフトする項とみなせる．

式 (11.4) と見比べて

$$X[k] = \alpha W_{2N}^{\frac{k}{2}} X'[k]$$

が成り立ち，**DCT 係数 $X[k]$ は $x[n]$ を反転拡張し，右に $1/2$ シフトした信号の DFT に定数を乗じたものに等しい**．よって，以下の重要な性質が導かれる．

性質 11.3（DCT と DFT の関係） N 点の DCT は，信号を操作することにより $2N$ 点の DFT に帰着可能である． ■

この性質は，DCT の計算に FFT が利用可能であることを示しており，N 点 DCT を $O(N \log N)$ で解く高速アルゴリズムが存在することが知られている．

問 11.2 式 (11.3) から式 (11.4) への変形を行え．

11·5 2次元DCT

本節では，2 次元信号であるディジタル画像に適用される 2 次元 DCT を定義し，2 次元 DCT が 1 次元 DCT 計算に還元されることを示す．

サイズ $N \times N$ のディジタル画像を $x[n, m]$ $(n, m = 0, \ldots, N-1)$ で表す．

定義 11.8（2次元DCT） $N \times N$ の 2 次元 DCT において，DCT 係数 $X[u, v]$ は

$$X[u, v] = C_u C_v \sum_{n=0}^{N-1} \sum_{m=0}^{N-1} x[n, m] \cos \frac{(2n+1)u\pi}{2N} \cos \frac{(2m+1)v\pi}{2N}$$

$$(u, v = 0, \ldots, N-1)$$

で定義される． ■

図 11.3 に 8×8 の 2 次元 DCT 基底画像を示す．

定義 11.9（逆2次元DCT） DCT 係数から画素値 $x[n, m]$ を求める逆 2 次元 DCT は

$$x[n, m] = \sum_{u=0}^{N-1} \sum_{v=0}^{N-1} X[u, v] C_u C_v \cos \frac{(2n+1)u\pi}{2N} \cos \frac{(2m+1)v\pi}{2N}$$

$$(n, m = 0, \ldots, N-1)$$

で定義される． ■

ここで，2 次元 DCT の 1 次元 DCT への分解を示す．まず，m を固定した N 点 1 次元 DCT を

$$X^m[u] = C_u \sum_{n=0}^{N-1} x[n, m] \cos \frac{(2n+1)u\pi}{2N} \qquad (m, u = 0, \ldots, N-1)$$

$$(11.5)$$

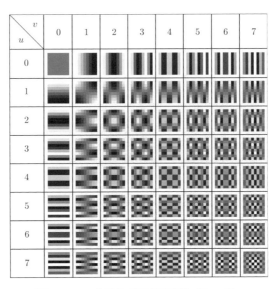

図 **11.3**　**2** 次元 **DCT** 基底画像（**8 × 8**）

のように計算する．続いて，$X^m[u]$ に対する N 点 1 次元 DCT を計算することにより 2 次元 DCT

$$X[u, v] = C_u \sum_{m=0}^{N-1} X^m[u] \cos \frac{(2m+1)v\pi}{2N} \qquad (u, v = 0, \ldots, N-1)$$

(11.6)

を得る．

　式 (11.5) では $\forall m, u$　$X^m[u]$ が $N^2 \times N = N^3$ の乗算で与えられ，また式 (11.6) では $\forall u, v$　$X[u, v]$ が $N^2 \times N = N^3$ の乗算で与えられるので，合計 $2N^3$ 回の乗算で 2 次元 DCT が計算できる．なお，N 点 DCT の計算には $O(N \log N)$ の高速アルゴリズムが存在するため，さらに計算コストを削減することが可能である．

11·6　ウェーブレット変換

　第 8 章で短時間フーリエ変換 STFT による時間・周波数解析を述べたが，音声のような非定常信号（時間とともに周波数成分が変化する信号）には対処でき

ない．そこで，図 11.4 のような局在化した小さい波 (wavelet) を用いるウェーブレット変換 (wavelet transform) が考案された．ウェーブレット変換は，信号を位置の情報をもった成分に分解するとともに，その成分から元の信号を復元できる．

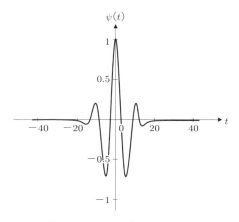

図 **11.4**　ウェーブレットの一例

第 8 章の図 8.8，図 8.9 に示した STFT の概念図と時間・周波数分解能の図と対比させ，図 11.5，図 11.6 に示すウェーブレット変換の概念図と時間・周波数分解能を参照してほしい．ウェーブレット変換では，ウェーブレット信号のスケールと時間シフトを変化させ，ある時点の信号を解析できる．高周波領域では，時間分解能が大きく，周波数分解能は小さくなり，一方，低周波領域で

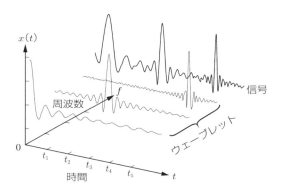

図 **11.5**　ウェーブレット変換の概念図

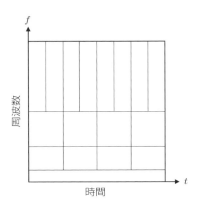

図 11.6 時間・周波数分解能の模式図（ウェーブレット変換）

は，時間分解能が小さく周波数分解能が小さくなる．よって，周波数成分が変動する非定常信号にも対応できる．

11.6.1 連続ウェーブレット変換

連続時間信号 $x(t)$（t は実数）は，絶対2乗積分可能，つまり

$$\int_{-\infty}^{\infty} |x(t)|^2 dt < \infty \tag{11.7}$$

とする．

いま，$\psi(t)$ をマザーウェーブレット (mother wavelet) と呼び，$\psi(t)$ を時間シフト $\hat{u}$，スケール $\hat{s}$ を変化させたウェーブレットの集合を

$$\psi_{\hat{s},\hat{u}}(t) = \frac{1}{\sqrt{|\hat{s}|}} \psi\left(\frac{t - \hat{u}}{\hat{s}}\right) \tag{11.8}$$

とする．ただし，$\hat{s}, \hat{u}$ は実数である．

定義 11.10（連続ウェーブレット変換） $x(t)$ の連続ウェーブレット変換 $W_\psi(\hat{s}, \hat{u})$ は

$$W_\psi(\hat{s}, \hat{u}) = \int_{-\infty}^{\infty} x(t) \frac{1}{\sqrt{|\hat{s}|}} \overline{\psi\left(\frac{t - \hat{u}}{\hat{s}}\right)} dt \tag{11.9}$$

で定義される．ただし，$\overline{\psi(\cdot)}$ は $\psi(\cdot)$ の共役である．　■

一方，$x(t)$ を $W_\psi(\hat{s}, \hat{u})$ から再構成する逆ウェーブレット変換を以下に示す．

定義 11.11（逆連続ウェーブレット変換）

$$x(t) = \frac{1}{C_\psi} \int_{-\infty}^{\infty} \frac{d\hat{s}}{|\hat{s}|^2} \int_{-\infty}^{\infty} W_\psi(\hat{s}, \hat{u}) \psi_{\hat{s}, \hat{u}}(t) d\hat{u} \tag{11.10}$$

■

逆変換が定義できるためには，以下の許容条件 (admissible condition) を満たさなければならない．

$$C_\psi = \int_{-\infty}^{\infty} \frac{|\Psi(\omega)|}{|\omega|} d\omega < \infty \tag{11.11}$$

ここに，$\psi(t) \leftrightarrow \Psi(\omega)$ はフーリエ変換対である．上式は

$$\Psi(0) = \int_{-\infty}^{\infty} \psi(t) dt = 0 \tag{11.12}$$

という平均（直流分）0 の条件に等しい．また，$\psi(t)$ は $\int_{-\infty}^{\infty} |\psi(t)|^2 dt = 1$ に正規化されており，$t = 0$ の近くに信号エネルギーの中心があるものとする．

ウェーブレット $|\hat{s}|^{-1/2} \psi((t - \hat{u})/\hat{s})$ は，マザーウェーブレット $\psi(t)$ を $\hat{u}$ 時間シフトし，$\hat{s}$ スケール（拡大縮小）したものである．例えば，図 11.4 のようなマザーウェーブレットの信号を時間シフト，スケール変換した多くのウェーブレットを利用する．スケールパラメータ $\hat{s}$ に対応して $\psi(t)$ の幅が $\hat{s}$ 倍になることから $1/\hat{s}$ が周波数に対応していることがわかる．すなわち，$\hat{s}$ が大きい場合に，ウェーブレット信号は広がり，低周波部分に対応し，一方，$\hat{s}$ が小さい場合に，信号は狭くなり，高周波部分に対応するのである．マザーウェーブレット ψ および 2 つのパラメータ $\hat{s}, \hat{u}$ を選ぶことにより，信号 $x(t)$ を局所的に解析できる．

11.6.2 離散ウェーブレット変換

連続ウェーブレット変換 $W_\psi(\hat{s}, \hat{u})$ のスケール $\hat{s}$, 時間シフト $\hat{u}$ を $\hat{s} = 2^{-m}$, $\hat{u} = 2^{-m} \cdot n$ $(m, n$ は整数) と 2 のべき乗で離散化したものを離散ウェーブレット変換 (discrete wavelet transform：DWT) と呼ぶ．

定義 11.12（離散ウェーブレット変換） $x(t)$ の離散ウェーブレット変換は

$$W_\psi(2^{-m}, n2^{-m}) \triangleq d_{m,n} = \frac{1}{\sqrt{2^{-m}}} \int_{-\infty}^{\infty} x(t)\overline{\psi\left(\frac{t - 2^{-m} \cdot n}{2^{-m}}\right)} dt$$

$$= 2^{\frac{m}{2}} \int_{-\infty}^{\infty} x(t)\overline{\psi(2^m t - n)} dt \qquad (11.13)$$

で定義される. $d_{m,n}$ を離散ウェーブレット係数と呼ぶ. ∎

いま, ウェーブレット関数

$$\psi_{m,n}(t) \triangleq 2^{\frac{m}{2}} \psi(2^m t - n) \qquad (11.14)$$

の 集 合 $\{\psi_{m,n}(t),\ (m, n \in \mathbb{Z})\}$ は 正 規 直 交 関 数, す な わ ち 内 積 $\langle \psi_{m,n}(t), \psi_{m',n'}(t) \rangle = \delta_{mm'}\delta_{nn'}$ (δ はクロネッカーのデルタ) である.

定義11.13（逆離散ウェーブレット変換） 逆離散ウェーブレット変換は

$$x(t) = \sum_{m=-\infty}^{\infty} \sum_{n=-\infty}^{\infty} d_{m,n}\psi_{m,n}(t) \qquad (11.15)$$

で定義される. ただし, $\psi_{m,n}(t)$ は正規直交基底である. ∎

逆変換は, 原信号 $x(t)$ が離散点の係数の総和で表現されることを表す.

ここで m はレベルといわれるもので, レベルが1増減するごとに解像度は 1/2 倍または2倍になることを意味する. 離散ウェーブレット係数 $d_{m,n}$ は $t = 2^{-m}n$ 近傍での信号 $x(t)$ のスケール 2^{-m} （レベル m）の成分を表現する. 大きいレベルの成分は, $x(t)$ の高周波数成分を含む.

以上, ウェーブレット変換について, その概要と定義のみを述べた. ウェーブレット変換では, 等価な手続きとなる多重解像度解析や離散時間信号に対するフィルタバンクによる方法など重要な事項があるが, これらの詳細は他書に譲る [15–18].

演習問題

(1) DCT 行列 U が直交行列であることを確かめよ.

(2) マザーウェーブレットの代表例としてハール関数

$$\psi(t) = \begin{cases} 1 & (0 \leq t < \frac{1}{2}) \\ -1 & (\frac{1}{2} \leq t < 1) \\ 0 & (その他) \end{cases}$$

がある. この関数が正規直交することを示せ.

第12章 画像・映像の圧縮：JPEG・MPEG

　第11章の離散コサイン変換は，画像（静止画像）や映像（動画）のデータ圧縮の標準化方式に利用され，ディジタルカメラやスマートフォンで撮られた写真を効率よく格納するのに大きく貢献している．仮に，2048×2048 のサイズのカラー画像データ（1画素 RGB それぞれ 8 ビット）を圧縮することなしに表現すると約 12 M バイトの容量が必要となる．画像のデータ量はきわめて大きく，スマートフォンのメモリはすぐにあふれてしまうことになる．しかしながら，現実に我々は，多くの写真をディジタルカメラやスマートフォンに蓄積している．これには，画像や映像の圧縮技術が大きな役割を果たしている．自然の風景を映した画像（自然画像）は，画素間の相関性や規則性があるため，画像は冗長性の高いデータともいえる．例えば，青空の映っている画像では，画像内の青空の領域に位置する画素の周りには，同じような色の画素が存在していることが多い．さらに，映像を構成する画像フレームの内，隣り合う画像フレームは類似していることが多い．このような性質に着目すると，画像・映像データの圧縮や高効率符号化が可能となる．本章では，画像や映像のデータ圧縮方式である JPEG，MPEG について述べていく．

12・1　JPEG の概要

　JPEG とは，Joint Photographic Experts Group の略で，国際標準化機構 (ISO) と国際電気標準会議 (IEC) が作成した静止画像のデータ圧縮方式の標準化規格をいう．データ圧縮には，以下の 2 通りが考えられる．

□ **可逆圧縮** (lossless compression)：圧縮前の原データと圧縮データからの再生データが完全に一致する圧縮方式

□ **非可逆圧縮** (lossy compression)：圧縮前の原データと圧縮データから

の再生データが完全には一致しない圧縮方式

もともと，JPEG では可逆圧縮と非可逆圧縮の両方が，以下のような枠組み

□ **Spatial方式（可逆圧縮）**：差分パルス符号変調 DPCM (Differential Pulse Code Modulation) ＋エントロピー符号化

□ **DCT方式（非可逆圧縮）**：離散コサイン変換 DCT ＋量子化＋エントロピー符号化

で考えられていたが，現在では非可逆圧縮の方式が広まり多くの機器で実装されている．以下では，非可逆圧縮の DCT 方式を説明する．

12·2　DCT方式のJPEG

DCT 方式の符号化と復号の過程を図 12.1 に示す．符号化では，DCT，量子化，エントロピー符号化の3つのステップを経て，圧縮データが生成される．復号では，その逆のステップが実行される．

12.2.1　空間周波数成分への変換

JPEG で DCT が用いられた理由は，以下が考えられる．

□ 特定の周波数成分，特に低周波数成分に信号のエネルギーが集中するエネ

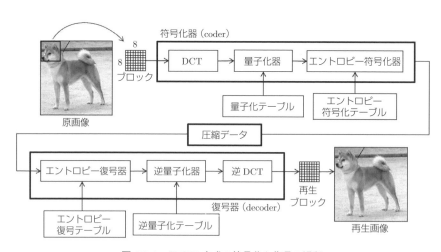

図 **12.1**　**DCT** 方式の符号化と復号の過程

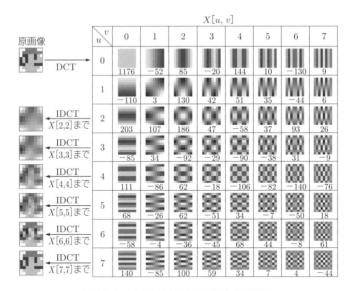

図 **12.2　DCT** による原画像と再生画像

ルギー圧縮特性をもつ.

□　統計的な意味で最適な変換（平均自乗誤差最小という意味）であるカルーネン・レーベ変換 (Karhunen–Loeve Transform：KLT) をよく近似する.

□　DCT は実数計算であるため，処理量の軽減が期待される．実信号に対して，DCT で得られる係数（周波数成分を表す）は実数である．ちなみにDFT は複素計算を含み，実信号に対しても，得られる係数は複素数である.

□　DCT 計算に FFT が利用できる．DFT と DCT の両方を利用する場合，計算機構を共通化でき，機器実装のコンパクト化が期待される.

などが考えられる.

　画像は，**ブロック** (block) と呼ばれる 8×8 画素の部分領域に分割され，ブロック単位に符号化などの処理が施される．ブロック内の画像の輝度値を $x[n, m]$ $(n, m = 0, \ldots, 7)$ とすると，8×8 の 2 次元 DCT は以下で与えられる.

$$X[u, v] = C_u C_v \sum_{n=0}^{7} \sum_{m=0}^{7} x[n, m] \cos \frac{(2n + 1)u\pi}{16} \cos \frac{(2m + 1)v\pi}{16}$$

$$(u, v = 0, \ldots, 7)$$

$$(12.1)$$

一方，DCT 係数 $X[u, v]$ から画像の輝度値 $x[n, m]$ を求める逆 2 次元 DCT (IDCT) は，

$$x[n, m] = \sum_{v=0}^{7} \sum_{u=0}^{7} C_u C_v X[u, v] \cos \frac{(2n + 1)u\pi}{16} \cos \frac{(2m + 1)v\pi}{16}$$

$$(n, m = 0, \ldots, 7)$$

$$(12.2)$$

ただし，

$$C_{u(v)} = \begin{cases} \sqrt{\dfrac{1}{8}} = \dfrac{1}{2\sqrt{2}} & (u(v) = 0) \\ \sqrt{\dfrac{2}{8}} = \dfrac{1}{2} & (u(v) \neq 0) \end{cases}$$

ここで，$X[0, 0]$ を DC（直流）成分，それ以外を AC（交流）成分という．

式 (12.2) で与えられる IDCT は，DCT 係数と所与の基底関数の線形結合により原画像が表現されることを意味する．図 12.2 に与えられた原画像（輝度が 0 から 255 の値域をもつ濃淡画像で，輝度 0, 255 をそれぞれ黒，白で表す）を DCT したときの DCT 係数（整数値に丸めている）と (u, v) 成分の 2 次元 DCT 基底画像の一覧を示す．また，各要素までの基底画像と対応する DCT 係数の線形結合により再生された画像，つまり IDCT による画像を同図に示す．

さて，JPEG 規格では，色空間の規定はないが，RGB 空間（赤緑青の三原色の輝度）で表現された信号を，輝度と色差で表現する YC_bC_r 空間に変換して，それぞれの成分を DCT 変換することが一般的である．国際電気通信連合 ITU-R の推奨では，RGB 空間から YC_bC_r 空間への変換は

$Y = 0.299R + 0.587G + 0.114B$

$C_b = 0.564(B - Y)$

$C_r = 0.713(R - Y)$

である．カラー画像に関しては，YC_bC_r の成分ごとに DCT を施す．

📶 12.2.2 量子化

図 12.3 は，ブロックに相当する 2 次元画像に対し，2 次元 DCT，量子化を経て，量子化 DCT 係数を求める様子を示す．量子化により，DCT 係数の取り得るレベル数を制限して，さらに圧縮を図る．具体的には量子化ステップサ

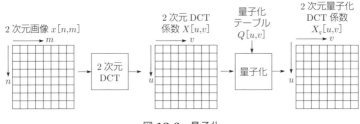

図 **12.3** 量子化

イズの何倍が，輝度や色差の値になるかを決める．

いま，(u, v) 成分の DCT 係数 $X[u,v]$ に対する量子化ステップサイズを $Q[u, v]$ とすると，**一様量子化** (uniform quantization) は，次式で定義され，量子化 DCT 係数 $X_q[u, v]$ が得られる．

$$X_q[u, v] = \mathrm{round}\left(\frac{X[u, v]}{Q[u, v]} \right) \tag{12.3}$$

ただし，round は最も近い整数への四捨五入を行う関数を表し，$X_q[u, v]$ は整数値を取る．図 12.4 に DCT 係数 $X[u, v]$ が一様量子化によっていかなる $X_q[u, v]$ に対応するかを示す．

一方，量子化ステップサイズを基に，次式で輝度や色差を計算することを**逆**

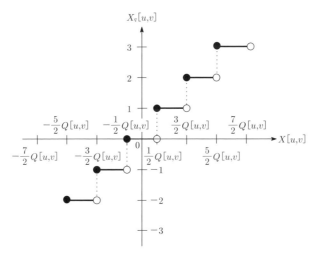

図 **12.4　DCT 係数の一様量子化特性**

量子化 (inverse quantization) という.

$$X'[u,v] = X_q[u,v] \cdot Q[u,v] \tag{12.4}$$

このとき，**量子化誤差** (quantization error) は

$$0 \leq |X[u,v] - X'[u,v]| \leq \frac{Q[u,v]}{2} \tag{12.5}$$

となる.

(u,v) 成分の量子化ステップサイズの一覧を量子化テーブルと呼び，輝度成分と色差成分に対する量子化テーブルを図 12.5 に示す．同図からわかるように，高周波数成分ほど粗い量子化が行われている．これは，高周波成分の歪みほど知覚されにくいという視覚特性を利用したものである．なお，実際の JPEG による画像圧縮システムでは，量子化テーブルの値にパラメータを動作させ，圧縮率と画質を制御することが多い.

16	11	10	16	24	40	51	61
12	12	14	19	26	58	60	55
14	13	16	24	40	57	69	56
14	17	22	29	51	87	80	62
18	22	37	56	68	109	103	77
24	35	55	64	81	104	113	92
49	64	78	87	103	121	120	101
72	92	95	98	112	100	103	99

(a) 輝度成分用

17	18	24	47	99	99	99	99
18	21	26	66	99	99	99	99
24	26	56	99	99	99	99	99
47	66	99	99	99	99	99	99
99	99	99	99	99	99	99	99
99	99	99	99	99	99	99	99
99	99	99	99	99	99	99	99
99	99	99	99	99	99	99	99

(b) 色差成分用

図 **12.5**　量子化テーブル

▥ 12.2.3　エントロピー符号化

各 (u,v) 成分の量子化値 $X_q[u,v]$ を符号化する．JPEG では，DC 成分と AC 成分を別々に符号化する．これは DC 成分と AC 成分の統計的性質が異なるためである．DC 成分（画像の輝度・色差の平均）は隣接ブロックであまり変化せず，差分値の分散が小さくなる．一方，AC 成分での高周波部分の係数はゼロが支配的になり，ゼロの AC 成分（ゼロランレングス）が長く連続する．これらの性質を利用して符号化される.

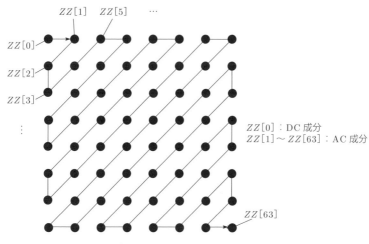

図 **12.6** **2** 次元量子化 **DCT** 係数のジグザグスキャン

　符号化には，情報源アルファベットの要素を表す記号に対し，記号ごとの出現確率に基づき異なる符号語長を与えることにより，情報源を効率的に符号化する**エントロピー符号化** (entropy coding)，通常，その１つである**ハフマン符号化** (Huffman coding) が用いられる．

　2 次元的に配置されている 64 個の量子化値 $X_q[u,v]$ $(u,v = 0,\dots,7)$ を図 12.6 のように**ジグザグスキャン** (zigzag scan) と呼ばれる操作により 1 次元系列 $ZZ[i]$ $(i = 0,\dots,63)$ に変換する．系列 $ZZ[i]$ の後半部では，値ゼロが連続しやすくなることに注意されたい．

$$ZZ[0](= X_q[0,0]),\ ZZ[1](= X_q[0,1]),\ ZZ[2](= X_q[1,0]),$$
$$\dots, ZZ[63](= X_q[7,7]) \tag{12.6}$$

　DC 成分と AC 成分の符号化は以下のように行う．

□　DC 成分の符号化

　　隣接するブロック間の差分 $\mathrm{Diff} = ZZ[0]_i - ZZ[0]_{i-1}$ を符号化する．$ZZ[0]_i$ は第 i ブロックの DC 成分を表す．

　　Diff の大きさを表す番号[†]とそれに対応するハフマン符号，および具体的な差分値を表す付加ビット

□　AC 成分の符号化

[†]　カテゴリと呼ばれる．

　　非ゼロの AC 成分とその前のゼロランレングスとの組合せをハフマン符号化
結果的に，DC 成分，AC 成分とも可変長符号となる．

　次に，ハフマン符号化のアルゴリズムを記す．

【ハフマン符号化アルゴリズム】

入力：情報源アルファベットの記号 A_i，その生起確率 P_i

出力：A_i の符号語

(1)　A_i を P_i の降順にソートする．

(2)　P_i の最も小さい 2 つの記号を統合して 1 つの記号とし，その生起確率
　　を 2 記号の確率の和とする．

(3)　全体が 1 つの記号になるまで (1), (2) を繰り返す．

(4)　これを木構造で表し，根から葉へ左の枝を 0，右の枝を 1 として，符号
　　語を与える．

表 12.1　記号・生起確率の例とその符号語

A_i	P_i	符号語
A_1	0.09	0001
A_2	0.14	010
A_3	0.40	1
A_4	0.15	001
A_5	0.12	011
A_6	0.10	0000

問 12.1　表 12.1 に示す記号 $A_1, \ldots, A_6$ とその生起確率に対するハフマン符
号化を行え．

12·3　JPEG に関する話題

　圧縮率 = 原画像データ/圧縮データと考えると，DCT 方式では圧縮率は 10
〜100 になるといわれている．アプリケーションソフトにより異なるが，色差
成分のデータを捨てることや，量子化を粗くすることなどにより JPEG 画像
の画質制御を可能としている．圧縮率を上げると，**ブロックノイズ**（ブロック
間の画素値に段差が生じること）や**モスキートノイズ**（空間周波数の高いエッ
ジ周辺などで蚊が集まるようなもやもやとした見え方が生じること）が顕著に

なってくる.

　JPEG の後継規格として，JPEG2000 が 2000 年 12 月国際標準化された. JPEG2000 では，データ圧縮の基本的変換を DCT ではなく，離散ウェーブレット変換 (Discrete Wavelet Transform：DWT) によっている. また，エントロピー符号化でも，ハフマン符号化ではなく，より効率の高い算術符号化を導入している. JPEG2000 は，低ビットレートでの良好な圧縮特性，濃淡画像と 2 値画像の両方を統一的に扱えること，可逆圧縮と非可逆圧縮のシームレスな結合，画質の良好さ，など JPEG より優れた性能をもつ. しかしながら，現在のところ，ディジタルカメラやスマートフォンへの普及は進んでいない. この理由は，JPEG2000 のコーデック (CODEC[†]) が重い（処理量が大きい）という JPEG2000 固有の問題点と，大容量メモリの低価格化や超小型化という情報機器に関する環境の変化がある.

12·4　MPEG の概要

　MPEG は，JPEG と同じく ISO/IEC において規格設定に携わった研究者・技術者の集団の呼称 Moving Picture Experts Group の略である. MPEG の発端は，1988 年のことであるが，それ以降，動画（ビデオ）と音声（オーディオ）に関する標準規格 MPEG-X（X には数字が入る）が作成されてきた. また，国際電気通信連合・電気通信標準化部門 ITU-T と共同で規格を作成してきた経緯があり，例えば，MPEG-1 と H.221 は同じものを指す. 表 12.2 に，これまでに規格化された MPEG の分類を示す. なお，同表中の略語の各々は

表 **12.2**　**MPEG** の分類

ISO/IEC	ITU-T	用途・特徴	ビットレート〔bps〕	規格化年
MPEG-1	H.221	CD	〜1.5 M	1992
MP3		音楽用の標準圧縮方式		1995
MPEG-2	H.222/H.262	放送用，テレビ電話，高画質符号化	〜100 M	1995
MPEG-4	H.263	汎用，マルチメディア，インターネット，オブジェクト符号化	〜15 M	1999
MPEG-4 AVC	H.264	携帯電話，HDTV，H.262 の 2 倍の圧縮	64 K〜240 M	2003
MPEG-7		コンテンツ記述，メタデータ，XML		2002
HEVC	H.265	UHDTV，H.264 の 2 倍の圧縮		2013

---

　†　CODer/DECoder の略で，符号化と復号を実行するハードウェアやソフトウェアのこと.

12·6 節の表 12.3 にまとめる.

12·5　MPEGの基本処理

　映像/動画は，画像（静止画像を意味する）に時間軸という次元を追加したデータで，画像を表すフレームを連続的に呈示することによって動画として人間に知覚させる．テレビやビデオでは，1 秒間に 30 フレーム表示している．動画のMPEG では，時間軸での冗長性に着目する．すなわち，隣接する画像フレームは類似性が高いという性質を動画の圧縮に利用するのである．前後のフレームがよく似ているなら，違う部分のみを伝送すればよいという考え方である．JPEG が画像の空間的な冗長性，いい換えれば，空間的に隣接する画素値は類似していることに着目して，画像の圧縮を実現していることと対比的であるが，MPEG でも JPEG の考え方を応用している部分もある．図 12.7 に MPEG の符号化方式のブロック図を示す．次項以降，MPEG による動画圧縮の要点について述べていく．

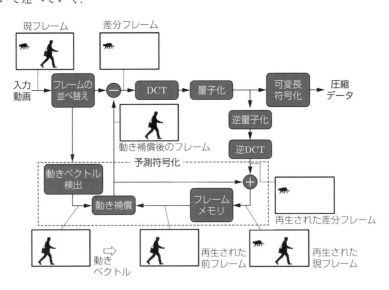

図 12.7　MPEG 符号化

🖩 12.5.1　動画のレイヤ構造

MPEGでの動画データは，図12.8のようなレイヤ構造をもつ．上位のレイヤから順次説明していく．

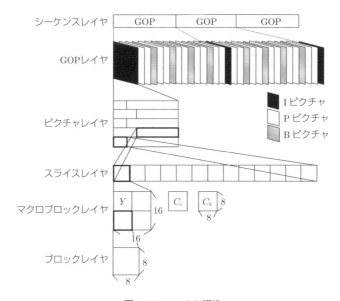

図 12.8　レイヤ構造

1) **シーケンスレイヤ (sequence layer)**
画像フレーム（以下，ピクチャ）の集合からなる動画全体を指す．ピクチャサイズ，空間解像度（アスペクト比），時間解像度（フレームレート）などの情報が付随する．

2) **GOP レイヤ (Group Of Pictures layer)**
GOP とは，以下の 3 つの種類からなるピクチャが規則的に並んでいるグループを指す．
  (i) **I ピクチャ (Intra picture)**：そのピクチャのみの情報で符号化されるもの．
  (ii) **P ピクチャ (Predictive picture)**：過去の I ピクチャあるいは P ピクチャから符号化されるもの．時間軸上で**前向き予測符号化**される．
  (iii) **B ピクチャ (Bidirectional Predictive picture)**：過去あるいは未来の I ピクチャあるいは P ピクチャから符号化されるもの．時間軸

上で**前向き**および**後向き予測符号化**される．この両方を用いるものを，**両方向予測符号化**という．

GOP は I ピクチャから次の I ピクチャまでのピクチャ（フレーム）系列を指す．各 GOP の先頭から動画を復号して再生することにより，動画データに対する重要な要素であるランダムアクセス性を実現する．図 12.9 に P ピクチャ，B ピクチャの予測符号化の様子を示す．

3) **ピクチャレイヤ (picture layer)**

1 枚の静止画に対応するレイヤを指す．

4) **スライスレイヤ (slice layer)**

ピクチャ内の 16×16 の領域を含み，水平方向に連続した帯状の領域を指す．

5) **マクロブロックレイヤ (macroblock layer)**

マクロブロックは 16×16 の領域の輝度成分 Y と，その領域に対応する 8×8 の 2 種類の色差成分 C_b, C_r の領域を指す．

6) **ブロックレイヤ (block layer)**

ブロックは，マクロブロックを 4 分割してできる領域で，8×8 の DCT を行う領域を指す．

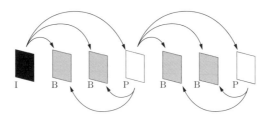

図 **12.9** 予測符号化（矢印が予測の方向を表す）

📖 12.5.2 動き補償

ここでは，MPEG において重要な役割を果たす**動き補償** (motion compensation) について説明する．前述のように，動画は時間的冗長性をもつ．図 12.10 のように現在のフレームは，その直前のフレームと類似性が高く，効率よく伝送するには，差分フレームを送ればよいことになる．しかしながら，通常の動画は，オブジェクトの動きや，カメラワーク（パン，チルト，ズームなど）を含

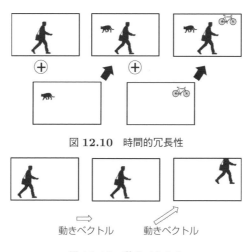

図 **12.10** 時間的冗長性

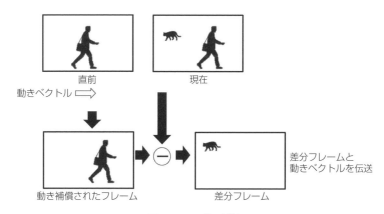

図 **12.11** 動きベクトル

むため，適切な差分フレームを得るのは容易ではない．ここで，動画は平行移動するブロックから構成されるという仮定を導入すると，ブロックの動きの大きさ・方向を表す**動きベクトル** (motion vector) から次のフレームが図 12.11のように予測できる．そこで，図 12.12 のように現フレームと前フレームから動きベクトルを検出し，前フレームに対して動き補償を行ったフレームを生成し，現フレームとの差分を取れば，適切な差分フレームが得られ，差分フレームと動きベクトルを伝送すると効率的な圧縮が期待できる．動きベクトルの検

図 **12.12** 動き補償

出は，MPEG-2では，マクロブロック単位のブロックマッチングにより実現される．ブロックマッチングとは，ブロック内の画素ごとの差分の総和が最小となるブロックをフレームから検出する手続きである．MPEG-4や同AVCではマクロブロックより小さい領域で動きベクトルを検出している．

12·5.3　ピクチャの符号化

　MPEGでは，Iピクチャ，Pピクチャ，Bピクチャの3つの種類がある．Iピクチャは，そのフレームだけの情報を基に符号化するが，基本的には静止画の圧縮であるJPEGと同様の符号化がなされると考えてよい．Pピクチャは時間軸上で現フレームより以前のIピクチャまたはPピクチャを参照フレームとして前向きの予測符号化がなされる．Bピクチャは，図12.13のように現フレームは，時間軸上で過去および未来のIピクチャまたはPピクチャを参照フレームとして両方向（前向きと後向き）の予測符号化がなされる．したがって，時間軸上でのフレームの順番と符号化のフレームの順番は異なる．

過去(IまたはP)　前向き予測　現在(B)　後向き予測　未来(P)

図 12.13　両方向予測符号化

12·6　MPEGに関する話題

　MPEGの登場は，CD，DVD，Blu-rayなど蓄積メディア，地上波・衛星放送やケーブルTVなどの放送メディア，インターネット，携帯電話・スマートフォンなどの通信メディアなど多方面で大きく貢献した．蓄積メディアでは，小型大容量化が進展し，放送メディアでは，多チャンネル，高品質放送が実現し，通信メディアでは軽快なマルチメディアコミュニケーションが可能となった．

　動画に関しては，空間解像度の増大などによって大画面化，高画質化が急激に進んでおり，現在ではUHDTVである4K，8Kテレビが出現している．加えて，動画はマルチメディアコミュニケーションの中核メディアであるため，今後も動画の圧縮方式が進歩を続けることは想像に難くない．MPEGの歴史

は，既に 20 年を超えているが，その基本概念は現在でも通用している優れた技術である．図 12.14 にこれまでの進歩の過程と応用分野を示す．図中の略語は表 12.3 に記載する．

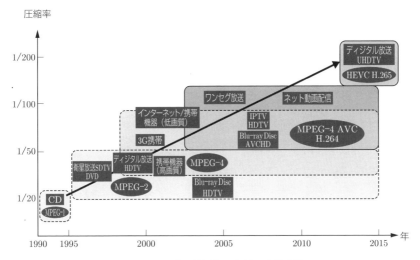

図 **12.14** 動画符号化の発展と応用分野

表 **12.3** 略語表

CD	Compact Disc
MP3	MPEG-1 Audio Layer3
AVC	Advanced Video Coding
HDTV	High Definition Television
XML	Extensible Markup Language
HEVC	High Efficiency Video Coding
UHDTV	Ultra High Definition Television
DVD	Digital Versatile Disc
SDTV	Standard Definition Television
IPTV	Internet Protocol Television
AVCHD	Advanced Video Codec High Definition

演習問題

(1) イラストや線画に対し JPEG を適用するとどのようになるか述べよ．

(2) JPEG の標準化では DCT を用いているが，これを DFT に変えると，風景写真に対する圧縮率はどのようになると推察できるか．

(3) MPEG-2 と MPEG-4 の技術的な違いを調べよ．

第13章 新しい信号処理

　本章では，2010年代半ばより注目を集めている比較的新しい信号処理技術について簡単に紹介し，本書の締めくくりとする．まず13·1節で，信号処理を含むさまざまな分野において近年主流技術となっているディープニューラルネットワークの基本的な内容を紹介する．次に13·2節で，グラフ上で定義される信号を処理対象とした技術であるグラフ信号処理について，その基礎を紹介する．

13·1 ディープニューラルネットワーク

　ニューラルネットワーク (neural network) とは，人間の脳の構造を模倣する形で設計された情報処理機構である．人間の脳では，ニューロンと呼ばれる細胞がシナプスと呼ばれる神経繊維によって互いに接続されており，個々のニューロンのもつ情報（電気信号）がシナプスを介して伝達されることにより情報が処理される．このニューロンに相当するものとしてパーセプトロンと呼ばれる処理単位を導入し，これを層状に接続したものがニューラルネットワークである．その中で，層の数が多いものを特に**ディープニューラルネットワーク (Deep Neural Network：DNN)** と呼ぶ．

　なお，DNN は一般に機械学習に基づくが，本書ではその詳細には立ち入らない．機械学習の理論については他の専門書等を参照されたい．

13.1.1 DNN の基礎

　パーセプトロン (perceptron) とは，図13.1に示すように，複数の入力変数に対しその線形和を出力する機構である．例えば，長さ N の離散時間信号 $x[n]$ $(n = 0, \ldots, N-1)$ を考え，その全体を N 個の入力変数とみなしてパーセプトロンに入力すると，出力として

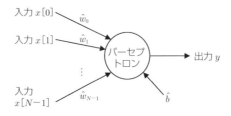

図 **13.1** パーセプトロン

$$y = \hat{b} + \sum_{n=0}^{N-1} \hat{w}_n x[n] \tag{13.1}$$

が返される. ここで, $\hat{w}_0$, $\hat{w}_1, \ldots,$ $\hat{w}_{N-1}$ および $\hat{b}$ は個々のパーセプトロンごとに個別に定められる定数であり, **パラメータ (parameter)** と呼ばれる.

上記のパーセプトロンを N 個用意し, m 番目のパーセプトロンの出力を $y[m]$ とおく ($m = 0, \ldots,$ $N-1$). また, m 番目のパーセプトロンのパラメータを $\hat{w}_{m0}$, $\hat{w}_{m1}, \ldots,$ $\hat{w}_{m(N-1)}$ および $\hat{b}_m$ とおく (図 13.2). このとき

$$y[m] = \hat{b}_m + \sum_{n=0}^{N-1} \hat{w}_{mn} x[n]$$

であり, 行列形式でまとめて表記すると

$$\underbrace{\begin{pmatrix} y[0] \\ \vdots \\ y[N-1] \end{pmatrix}}_{\boldsymbol{y}} = \underbrace{\begin{pmatrix} \hat{w}_{00} & \hat{w}_{01} & \cdots \\ \hat{w}_{10} & \hat{w}_{11} & \cdots \\ \vdots & \vdots & \ddots \end{pmatrix}}_{\hat{W}} \underbrace{\begin{pmatrix} x[0] \\ \vdots \\ x[N-1] \end{pmatrix}}_{\boldsymbol{x}} + \underbrace{\begin{pmatrix} \hat{b}_0 \\ \vdots \\ \hat{b}_{N-1} \end{pmatrix}}_{\hat{\boldsymbol{b}}} \tag{13.2}$$

となる. ベクトル $\boldsymbol{x}, \boldsymbol{y}$ をそれぞれ長さ N の離散時間信号と捉えると, 上式は, N 点信号を入力として N 点信号を出力する離散時間信号処理システムと解釈することもできる. このように, 複数のパーセプトロンを組み合わせた構造がニューラルネットワークである. 行列 $\hat{W}$ およびベクトル $\hat{\boldsymbol{b}}$ はそのパラメータであり, これを適切に定めることによりさまざまな信号処理を実現できる. 一般に, 適切な $\hat{W}, \hat{\boldsymbol{b}}$ を得るために機械学習の技法が用いられる.

図 13.2 の構造では, すべてのパーセプトロンは並列に並んでいる. このような, 並列的な並びのパーセプトロンの集合を**層 (layer)** と呼ぶ. ニューラルネットワークは一般に複数の層から構成される. 図 13.3 は二層からなるネット

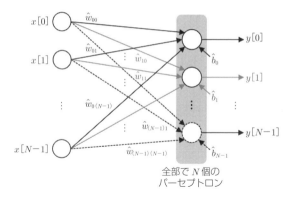

図 **13.2** N 個のパーセプトロンからなるニューラルネットワーク

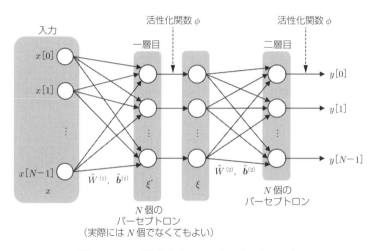

図 **13.3** 二層からなるニューラルネットワーク

ワークの例である。一層目に対応するパラメータを $\hat{W}^{(1)}$, $\hat{\boldsymbol{b}}^{(1)}$ とおく。同様に，二層目に対応するパラメータを $\hat{W}^{(2)}$, $\hat{\boldsymbol{b}}^{(2)}$ とおく。このとき，層ごとの処理は式 (13.2) で表されるので，最終的な出力 $\boldsymbol{y}$ は，単純には

$$\boldsymbol{y} = \hat{W}^{(2)} \left(\hat{W}^{(1)} \boldsymbol{x} + \hat{\boldsymbol{b}}^{(1)} \right) + \hat{\boldsymbol{b}}^{(2)} = \hat{W}^{(2)} \hat{W}^{(1)} \boldsymbol{x} + \left(\hat{W}^{(2)} \hat{\boldsymbol{b}}^{(1)} + \hat{\boldsymbol{b}}^{(2)} \right)$$

で与えられる。

上式は，行列 $\hat{W}^{(2)} \hat{W}^{(1)}$ およびベクトル $\hat{W}^{(2)} \hat{\boldsymbol{b}}^{(1)} + \hat{\boldsymbol{b}}^{(2)}$ をパラメータとする一層のニューラルネットワークと等価であり，このままでは多層化が意味をなさな

い. この問題を避けるため,各層の出力を次層に入力する前に何らかの非線形関数 Φ を適用する. 一層目の出力を $\boldsymbol{\xi}' = \hat{W}^{(1)}\boldsymbol{x} + \hat{\boldsymbol{b}}^{(1)} = \left(\xi'[0] \ \cdots \ \xi'[N-1] \right)^T$ とし, $\boldsymbol{\xi}'$ に Φ を適用した結果を $\boldsymbol{\xi}$ とする. ここで,Φ は同一の非線形一変数関数 ϕ を各次元に適用するものとして

$$\boldsymbol{\xi} = \Phi(\boldsymbol{\xi}') = \left(\ \phi(\xi'[0]) \ \cdots \ \phi(\xi'[N-1]) \ \right)^T$$

と定義する. 同じ Φ を二層目にも適用することにより,最終的な出力 $\boldsymbol{y}$ は

$$\boldsymbol{y} = \Phi\left(\hat{W}^{(2)}\boldsymbol{\xi} + \hat{\boldsymbol{b}}^{(2)} \right) = \Phi\left(\hat{W}^{(2)}\Phi\left(\hat{W}^{(1)}\boldsymbol{x} + \hat{\boldsymbol{b}}^{(1)} \right) + \hat{\boldsymbol{b}}^{(2)} \right) \quad (13.3)$$

で与えられ,多層化が効果を発揮する. 以上において,一変数非線形関数 ϕ は一般に**活性化関数 (activation function)** と呼ばれ,シグモイド (sigmoid) 関数や双曲線正接 (hyperbolic tangent) 関数,正規化線形ユニット (Rectified Linear Unit:ReLU)†などがよく用いられる.

上記と同じ要領で層の数を 3, 4, ... と増やしていくことにより複雑な処理が可能となる. このような,層の数が非常に多いニューラルネットワークがDNNである. 画像認識処理などを対象とした近年の DNN では 100 層を超えるものも珍しくない.

🎞 13.1.2 畳込みニューラルネットワーク

DNN では,層の数が多いほどパラメータの数も多くなり,以下のような悪影響が生じやすくなる.

☐ 機械学習のために膨大な量の訓練データが必要になる.

☐ 機械学習に際し処理時間および消費メモリ量が増大する.

☐ 過学習 (overfitting) と呼ばれる問題が生じ,情報処理システムとしての性能が十分に高くならない.

上記の悪影響を避けるため,次のような対策をとる.

☐ 中間層のパーセプトロンが受け取る入力変数の数を制限する. すなわち,前層のパーセプトロンのすべてではなく,その一部のみを入力とするように各パーセプトロンを設計する.

☐ 同一層内のパーセプトロンではパラメータを共通化する.

この対策の具体的な実現例を図 13.4 に示す.

---

† ReLU はランプ関数 (ramp function) とも呼ばれる.

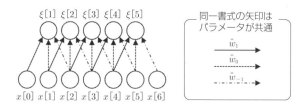

図 **13.4** 畳込み層によるパラメータ数の削減

図 13.4 では，下位層のパーセプトロンのうち隣り合う 3 つのみが上位層の各パーセプトロンに入力される構造を採用しており，さらに，上位層の 5 つのパーセプトロンすべてでパラメータを共通化することにより，パラメータの数をわずか 3 つに抑えている[††]．ここで，上位層の $\xi[n]$ の（活性化関数を通す前の）値は，任意の n $(n = 1, \ldots, 5)$ について

$$\xi[n] = \hat{w}_1 x[n-1] + \hat{w}_0 x[n] + \hat{w}_{-1} x[n+1] \tag{13.4}$$

で与えられることに注目しよう．すなわち，この $\xi[n]$ は，$x[n]$ を

$$\hat{h}[n] = \begin{cases} \hat{w}_n & (|n| \leq 1) \\ 0 & (|n| > 1) \end{cases}$$

と畳み込んだ結果に等しい．このことから，図 13.4 の構造を**畳込み層 (convolutional layer)** という．これと対比して，各パーセプトロンが前層のすべてのパーセプトロンと接続されており，かつパラメータがすべて独立している構造の層を**全結合層 (fully-connected layer)** という．畳込み層を中心に構成された DNN を**畳込みニューラルネットワーク (Convolutional Neural Network：CNN)** と呼び，全結合層のみからなる DNN よりも高い性能を示すことから，近年の情報・信号処理研究において一種のスタンダードとなっている．

問 13.1 図 13.4 の畳込み層が実現する処理を式 (13.2) のような行列・ベクトルの形式で表せ．

[††] 説明の簡略化のため本文では省略したが，実際には図 13.1 の $\hat{b}$ に相当するパラメータも存在し，次層のパーセプトロンに入力される．したがって，より正確にはパラメータの総数は 4 となる．

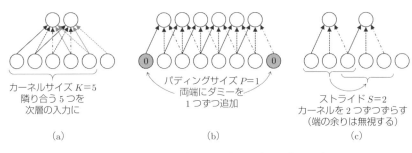

図 13.5 畳込み層におけるカーネルサイズ・パディングサイズ・ストライド

(1) 畳込み層における実装上の技法

畳込み層におけるパラメータ $\hat{h}[n]$ を**カーネル** (kernel) と呼ぶ. また, カーネルの長さ, すなわち $\hat{h}[n] \neq 0$ である範囲の大きさを**カーネルサイズ** (kernel size) という (図 13.5 (a)). 入力側のパーセプトロンの数が N, カーネルサイズが K のとき, 出力側のパーセプトロンの数は $N' = N - K + 1$ となる.

上記のように, 入力側のパーセプトロン数に応じて出力側のパーセプトロン数が決まる状況は必ずしも望ましくない. そこで, 常に一定値 (多くの場合 0) を出力するダミーを入力側の両端に適当な数だけ配置することにより出力側のパーセプトロン数を調整する. これを**パディング** (padding) と呼び, 片側あたりのダミーの個数を**パディングサイズ** (padding size) と呼ぶ (図 13.5 (b)). カーネルサイズ K が奇数のとき, パディングサイズ P を $P = \frac{K-1}{2}$ と設定すると, 入力側と出力側でパーセプトロン数が一致する.

式 (13.4) は, 畳込み演算の定義上はすべての n について計算する必要がある. これは, カーネルを 1 ステップずつずらしながら毎回適用することにより実現される. しかし, CNN では, カーネルを S ステップずつずらすことにより, すべての n ではなく, S ステップに 1 回の割合で式 (13.4) を計算することが許容される. このときの S を**ストライド** (stride) という (図 13.5 (c)). ストライドの調整はパラメータ数のさらなる削減などに役立つ.

問 13.2 入力側のパーセプトロン数, カーネルサイズ, パディングサイズ, ストライドが各々 N, K, P, S のとき, 出力側のパーセプトロン数 N' を求めよ.

(2) ディジタル画像を入力とする CNN

CNN はディジタル画像処理の分野でとりわけ優れた結果を残していることから，ディジタル画像を対象とした畳込み層の設計について特記しておく．

ディジタル画像は一般に $x[n, m, q]$ $(0 \leq n < N, 0 \leq m < M, 0 \leq q < Q)$ と表記できる．N, M はそれぞれ画像の横幅，縦幅を表し，Q はチャンネル数を表す（グレースケール画像では $Q = 1$ で，この場合は単に $x[n, m]$ と表記することが多い．一方，カラー画像では $Q = 3$）．画像 $x[n, m, q]$ を入力とする畳込み層は，多くの場合，隣り合う $K \times K$ 個のピクセルのみが上位層のパーセプトロンへの入力となるように設計される．つまり，カーネルサイズ K のカーネル $\hat{h}$ を

$$\hat{h}[k, l, q] \begin{cases} \neq 0 & (0 \leq k < K \text{ かつ } 0 \leq l < K) \\ = 0 & （それ以外） \end{cases}$$

と定める（$0 \leq q < Q$）．このとき，上位層は $N' \times M'$ 個のパーセプトロンが 2 次元的に並んだ構造をとり，その出力は，$0 \leq n < N', 0 \leq m < M'$ において

$$\xi[n, m] = \sum_{k=0}^{K-1} \sum_{l=0}^{K-1} \sum_{q=0}^{Q-1} \hat{h}[k, l, q] x[n+k, m+l, q]$$

で与えられる．ただし，$N' = N - K + 1, M' = M - K + 1$ である．

実際には，CNN の性能をより向上させるため，同一のカーネルサイズをもつ複数個のカーネルが同時に用いられる．その個数を Q' とし，個々のカーネルを $\hat{h}_i$ $(i = 0, \ldots, Q' - 1)$ とすると，上位層は $N' \times M' \times Q'$ 個のパーセプトロンが 3 次元的に並んだ構造となり，その出力は

$$\xi[n, m, i] = \sum_{k=0}^{K-1} \sum_{l=0}^{K-1} \sum_{q=0}^{Q-1} \hat{h}_i[k, l, q] X[n+k, m+l, q] \tag{13.5}$$

で与えられる．これにより，畳込み層は入力側・出力側のパーセプトロンがともに 3 次元的な構造をもつ形となり，その多層化が可能となる．

ディジタル画像を対象とした CNN は，以上の畳込み層をベースとして，先に述べたパディングやストライドなどの技法も組み合わせて設計される．カーネルサイズ，パディングサイズ，ストライドには横方向と縦方向で異なる値を

設定してもよい.

🔲 13.1.3　回帰型ニューラルネットワーク

再度, 図13.3の構造に注目しよう. このニューラルネットワークでは, 長さ N の入力信号 $x[n]$ $(n = 0, \ldots, N-1)$ の全体が事前に観測済みであることを前提として出力信号 $y[n]$ $(n = 0, \ldots, N-1)$ を得ている. これでは非因果的なシステムしか実現できず, 音響信号のような時系列データのリアルタイム処理には適さない. 以上の理由から, 時系列データの処理を目的としたニューラルネットワークがさまざまに検討されており, その中で最も基本的なものが**回帰型ニューラルネットワーク** (**Recurrent Neural Network : RNN**) である.

例として, 複素信号 $x[n] = x_{\mathrm{re}}[n] + jx_{\mathrm{im}}[n]$ $(n = 0, 1, \ldots)$ を入力とし, その処理結果として同じく複素信号 $y[n] = y_{\mathrm{re}}[n] + jy_{\mathrm{im}}[n]$ $(n = 0, 1, \ldots)$ を出力するシステムを考える. これを RNN により実現するにあたり, まず, 各時刻 n における入力と出力をそれぞれ2次元ベクトル

$$\boldsymbol{x}_n = (x_{\mathrm{re}}[n] \ \ x_{\mathrm{im}}[n])^T, \qquad \boldsymbol{y}_n = (y_{\mathrm{re}}[n] \ \ y_{\mathrm{im}}[n])^T$$

で表す. その上で, $\boldsymbol{x}_n$ から $\boldsymbol{y}_n$ を生成するニューラルネットワークを図13.6のように設計する. このとき, $\boldsymbol{y}_n$ は $\hat{W}^{(1)}$, $\hat{W}^{(2)}$, $\hat{\boldsymbol{b}}^{(1)}$, $\hat{\boldsymbol{b}}^{(2)}$ をパラメータとして

$$\boldsymbol{y}_n = \Phi\Big(\hat{W}^{(2)}\boldsymbol{\xi}_n + \hat{\boldsymbol{b}}^{(2)}\Big) = \Phi\Big(\hat{W}^{(2)}\Phi\Big(\hat{W}^{(1)}\boldsymbol{x}_n + \hat{\boldsymbol{b}}^{(1)}\Big) + \hat{\boldsymbol{b}}^{(2)}\Big)$$

と計算される. 上式を各時刻において独立に計算すれば因果的なシステムを実現できるが, 反面, 時刻 $n-1$ 以前の情報を $\boldsymbol{y}_n$ の計算に利用できないため, このままではシステムは必ず無記憶型となる.

上記の問題を避けるため, 中間層のパーセプトロンにおいては, 図13.7に示すように, 前時刻の中間層からの情報も入力として受け付ける. 具体的には, $\boldsymbol{\xi}_{n-1}$ にパラメータ行列 $\hat{W}^{\mathrm{tr}}$ を乗じて回帰入力とすることにより, $\boldsymbol{\xi}_n$ を

$$\boldsymbol{\xi}_n = \Phi\Big(\hat{W}^{\mathrm{tr}}\boldsymbol{\xi}_{n-1} + \hat{W}^{(1)}\boldsymbol{x}_n + \hat{\boldsymbol{b}}^{(1)}\Big) \tag{13.6}$$

として計算する. その上でさらに, $\boldsymbol{y}_n$ を

$$\boldsymbol{y}_n = \Phi\Big(\hat{W}^{(2)}\boldsymbol{\xi}_n + \hat{\boldsymbol{b}}^{(2)}\Big) \tag{13.7}$$

として計算する. 以上により各時刻の出力値を得るニューラルネットワークが

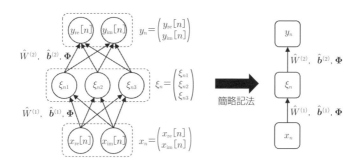

図 13.6　各時刻 n において独立に処理を行うニューラルネットワーク

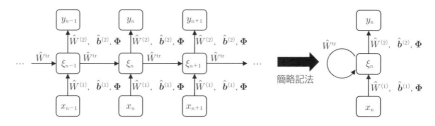

図 13.7　RNN の基本構造（図 **13.6** の構造を拡張）

RNN である.

　図 13.7 は RNN の構造としては最も単純なものであり, 実際の利用に際して は多様な形で拡張がなされる. 例えば, 図 13.7 では x_n から y_n までの間に中 間層が 1 つしか存在しないが, 2 つ以上の中間層をもつ構造を採用することも 可能であり, その際, 必ずしもすべての中間層が前時刻からの回帰入力を受け 付けなければならないわけではない. また, 全結合層ではなく畳込み層をベー スとした RNN も設計可能である.

🗐 **13.1.4　DNN の応用例**

　本節では CNN や RNN の実際の応用例を紹介する.

（1）CNN の応用例

　CNN は, 狭義の信号処理よりも, 解析・認識（第 1 章参照）に広く応用され ている. その典型的な例が画像認識である. 例えば, 動物画像を「猫」や「犬」 といったクラスに分類する画像認識システムは, 入力層のパーセプトロン数が 画像を構成するピクセル数と同一であり, かつ, 最終層のパーセプトロン数が

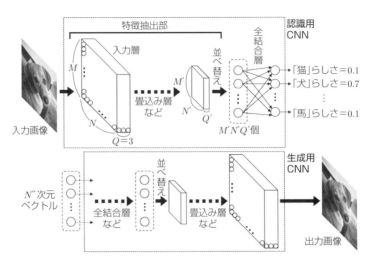

図 **13.8** 画像認識用 CNN（上）および画像生成用 CNN（下）

対象クラス数に一致するような CNN により実現できる（図 13.8 上）. 最終層の各パーセプトロンは一つひとつのクラスに対応し, その出力値は入力画像がどの程度そのクラスらしいかを表す. 最も大きい値を出力したパーセプトロンに対応するクラスが認識結果となる. このとき, 入力に近い側の層は特徴抽出を担っていると解釈でき, そのパラメータを機械学習により自動設定した CNN は, 特徴抽出器を手動で設計する古典的な手法よりも高い認識性能を有する.

　画像認識の分野では, クラスラベルの付与された大規模な画像データベースがいくつか構築されており, その中の1つ ImageNet[†]を対象に, 認識精度を競うコンペティション ImageNet Large Scale Visual Recognition Challenge (ILSVRC)[††]が, 2010〜2017 年の間, 毎年開催されてきた. 2012 年の ILSVRC にて AlexNet と呼ばれる CNN がそれまでの記録を大きく上回る精度を達成したことを皮切りに, GoogLeNet, VGGNet, ResNet, EfficientNet といった CNN が続々と登場し, さらなる精度向上が達成された. ResNet は 2015 年の ILSVRC の勝者であり, 人の目で認識した場合よりも高精度であったとして特に話題を呼んだ. AlexNet が 8 層構造であったのに対し, ResNet は最大 152 層構造（ResNet には複数のバージョンが存在する）であるなど, 多層化が進

[†] https://www.image-net.org/

[††] https://image-net.org/challenges/LSVRC/

んでいる．同時に，Residual Block[19] や Attention[20] など，一つひとつの層の構造にもさまざまな工夫が施され，精度向上に寄与している．これらの詳細については巻末の参考文献等を参照されたい．他方で，どのようなデータベースにもそれに固有の統計的な偏り（バイアス）が存在することから，近年の精度向上は，ImageNet に固有のバイアスを捉えているに過ぎないのではないか，との指摘もある．バイアスの問題は，例えば人間の顔に関して，白色人種の画像が有意に多いデータベースを基に作成された CNN では黒色人種の顔を正しく認識しにくくなるなど，差別を助長する結果につながることもある．こうした問題の解決に向けて，今後，さらなる研究の進展が望まれる．

　CNN は合成（第 1 章参照）にも応用されている．例えば，画像認識の場合とは逆に，入力層が N'' 個のパーセプトロンからなり，最終層が画像を構成するピクセル数と同じだけのパーセプトロンからなる CNN を設計した上で，そのパラメータを機械学習により自動設定すれば，N'' 次元のベクトルから画像を生成・合成することが可能となる（図 13.8 下）．これを実現したモデルとして Variational AutoEncoder (VAE) および Generative Adversarial Network (GAN) は特に有名であり，それぞれを個別に発展させた手法や両者を統合した手法などがさまざまに提案されている．

　2021 年現在，実写のものと見分けがつかないほど写実的な顔画像の生成や，個人の筆跡を模倣した手書き風文字画像の生成などが既に可能となりつつある．これらの技術は，例えば SNS への投稿画像中に写っている人物の顔を匿名の顔と置き換えることにより個人のプライバシーを保護したり，後天的に手が不自由となった人物に以前と同様の文字コミュニケーションの機会を提供したり，といった応用が期待される．他方で，特定個人の顔を模倣して自動生成された顔画像・映像は DeepFake と呼ばれ，当該人物を不当に貶める可能性もあることから社会問題ともなりつつある．こうした問題への対処は喫緊の課題といえる．

(2) RNN の応用例

　RNN もまた，狭義の信号処理だけでなく解析・認識や合成に幅広く応用されている．その典型例として，まず機械翻訳が挙げられる．自然言語の文章は「私/は/学生/です/．」「I/am/a/student/．」のように単語の系列と捉えることができる．したがって，x_n, y_n をそれぞれ日本語文，英語文における n 番目の

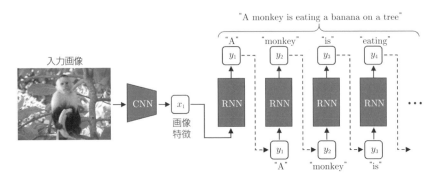

図 13.9 RNN による Image Captioning

単語と見なせば,RNN により機械翻訳が可能となる.実行に際しては一つひとつの単語をベクトルで表現する必要があるが,その方法としては Word2Vec などの手法がある.なお,実際には,言語による単語数の違いに対応するための工夫が別途必要となる.

　別の応用例としては音声認識が挙げられる.音声認識は,音声信号を入力として音素列を出力する処理といえる.入力の音声信号を適当な長さのブロックに区切り,n 番目のブロックに対する周波数解析の結果を x_n として RNN に入力する.一方,RNN は,そのブロックが表す音素を y_n として出力する.以上により,前後の音素の相関関係を考慮した音声認識が実現される.個々のブロックで独立に音素を認識する場合と比べ精度の向上が期待できる.

　図 13.7 では,最も単純な例として,各時刻の入力が x_n のみである RNN を紹介したが,実際の応用においては,前時刻の出力 y_{n-1} を x_n とともに時刻 n の入力として用いることも多い.この構造を活用した技術の 1 つにオンライン文字列画像生成がある.このタスクでは,文字列画像を紙面上におけるペン先の位置(2 次元座標)の系列と捉える.その上で,前時刻のペン位置 y_{n-1} に基づいて現時刻のペン位置 y_n を順次生成し,それらを滑らかな曲線で結ぶことにより文字列画像を生成する.x_n は,出力させたい文字列を構成する各文字の情報に対応する.

　また,RNN は画像解析にも応用されている.代表的な例として,入力画像に対し説明文を付与する Image Captioning というタスクでは,CNN により抽出された画像特徴を時刻 $n = 1$ における入力として受け取り最初の単語 y_1

を出力する一方，時刻 $n = 2$ 以降は $\boldsymbol{y}_{n-1}$ を入力として次単語 $\boldsymbol{y}_n$ を順次出力する RNN が用いられる（図 13.9）.

　以上のように，RNN はさまざまな形で応用されているが，実際のところ，RNN は，前時刻およびそれ以前の情報を現時刻まで波及させる効果が必ずしも高くない．このため近年では，Long-Short Term Memory RNN (LSTM-RNN)[21] や Transformer[20] など，より発展的な手法が登場し普及している．上述の機械翻訳や Image Captioning に応用されているのも実際にはこのような発展的な手法である．その詳細については巻末の参考文献等を参照されたい.

13·2　グラフ信号処理

　グラフ信号処理 (graph signal processing) とは，グラフ上で定義される信号である「グラフ信号」を対象とした信号処理の理論である．古典的な信号処理では，1 次元の時間軸（t 軸）上で定義される音響信号 $x(t)$ や 2 次元平面（nm 平面）上で定義される画像信号 $x[n, m]$ など，定義域が単純かつ規則的な場合を想定していた．これに対し，グラフはより複雑かつ不規則な構造を表現可能であるため，グラフ信号処理は高い汎用性を有している.

13.2.1　グラフ

　グラフ信号処理の前提として，まずグラフについて簡単に説明する.

　グラフ (graph) とは，図 13.10 に示すように，有限個の**頂点 (vertex)** と**辺 (edge)** により構成されるデータ構造である．辺は頂点どうしの接続関係を表し，各辺に向きのあるグラフを**有向グラフ (directed graph)**，向きのないグラフを**無向グラフ (undirected graph)** という．頂点集合 $\mathcal{V} = \{\nu_i \mid i = 1, \ldots, N\}$ および辺集合 $\mathcal{E} = \{(\mu, \nu) \mid \mu, \nu \in \mathcal{V}\}$ により構成されるグラフを一般に $\mathcal{G} = (\mathcal{V}, \mathcal{E})$ と表記する．例として，図 13.10 (a) の無向グラフでは

$$\mathcal{V} = \{\nu_1, \nu_2, \nu_3, \nu_4, \nu_5\}$$
$$\mathcal{E} = \{(\nu_1, \nu_2), (\nu_2, \nu_3), (\nu_2, \nu_4), (\nu_3, \nu_4), (\nu_4, \nu_5)\}$$

であり，図 13.10 (b) の有向グラフでは

$$\mathcal{V} = \{\nu_1, \nu_2, \nu_3, \nu_4\}$$
$$\mathcal{E} = \{(\nu_1, \nu_2), (\nu_2, \nu_3), (\nu_2, \nu_4), (\nu_3, \nu_2)\}$$

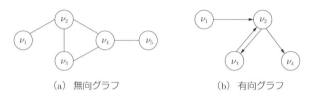

(a)　無向グラフ　　　(b)　有向グラフ

図 13.10　グラフの例

(a)　ループ　　　(b)　多重辺

図 13.11　ループと多重辺

$$W=\begin{pmatrix} 0 & 1.0 & 0 & 0 & 0 \\ 1.0 & 0 & 0.7 & 0.4 & 0 \\ 0 & 0.7 & 0 & 0.6 & 0 \\ 0 & 0.4 & 0.6 & 0 & 1.2 \\ 0 & 0 & 0 & 1.2 & 0 \end{pmatrix}$$

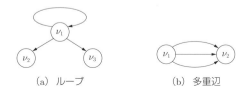

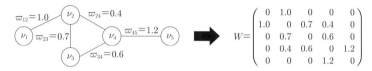

図 13.12　重み付きグラフとその隣接行列の例

である．無向グラフでは (μ,ν) と (ν,μ) は同一の意味であるが，有向グラフでは (μ,ν) と (ν,μ) は互いに逆向きの辺を意味する．

図 13.11 (a) の辺 (ν_1,ν_1) のように，同一頂点を両端とする辺を**ループ** (**loop**) という．また，図 13.11 (b) のように，同一の頂点ペアの間に複数の辺が存在するとき，それらを**多重辺** (**multiple edges**) と呼ぶ．ループおよび多重辺を含まないグラフを**単純グラフ** (**simple graph**) という．グラフ信号処理において想定されるグラフは一般に単純グラフである．

図 13.12 のように，各辺に対し**重み** (**weight**) の定義されている単純グラフを**重み付きグラフ** (**weighted graph**) という．重みは一般に正の実数で与えられる．辺 (ν_k,ν_l) の重みが ϖ_{kl} であるとき（ν_k と ν_l の間に辺が存在しない場合は $\varpi_{kl}=0$ とする），ϖ_{kl} を k 行 l 列成分とする行列 $\mathcal{W}$ を**隣接行列** (**adjacency matrix**) という．無向グラフでは $\mathcal{W}$ は対称行列となる．また，単純グラフでは $\mathcal{W}$ の対角成分はすべて 0 となる．重み付きグラフ $\mathcal{G}$ は，頂点集合 $\mathcal{V}$，辺集合 $\mathcal{E}$，隣接行列 $\mathcal{W}$ により $\mathcal{G}=(\mathcal{V},\mathcal{E},\mathcal{W})$ と表される．

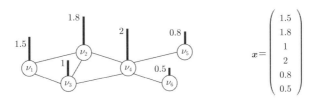

図 **13.13** グラフ信号の例

13.2.2 グラフ信号の定義

重み付きグラフ $\mathcal{G} = (\mathcal{V}, \mathcal{E}, \mathcal{W})$ 上の各頂点 $\nu \in \mathcal{V}$ に対し値 $x(\nu)$ を与える信号 x を**グラフ信号** (graph signal) という．$x(\nu)$ の値域は複素数とすることが一般的であるが，本書では簡単のため $x(\nu)$ は実数とする．また，$\mathcal{G}$ として有向グラフを想定した理論は扱いが難しいことから，本書では $\mathcal{G}$ は無向グラフとする．このとき，x は，数学的には $\mathcal{V}$ から実数 $\mathbb{R}$ への写像となる．

定義 13.1（グラフ信号） 重み付き無向グラフ $\mathcal{G} = (\mathcal{V}, \mathcal{E}, \mathcal{W})$ に対し，頂点集合 $\mathcal{V}$ を定義域とする任意の写像 $x : \mathcal{V} \to \mathbb{R}$ をグラフ信号という．　∎

頂点集合が $\mathcal{V} = \{\nu_i \mid i = 1, \ldots, N\}$ であるとき（N は頂点数），グラフ信号 x は，$x(\nu_i)$ を i 次元目の要素とする N 次元ベクトル

$$x = \begin{pmatrix} x(\nu_1) \\ \vdots \\ x(\nu_N) \end{pmatrix} \in \mathbb{R}^N \tag{13.8}$$

として表現できる．グラフ信号とそのベクトル表現の例を図 13.13 に示す．

グラフ信号の具体的な例として，例えば，地下鉄をはじめとする鉄道網は，各駅を頂点，それらを直接結ぶ路線の有無を辺，一日当たりの便数を重みとするグラフにより表現できるが，このとき，駅ごとの乗者数・降者数や切符の総売上高はグラフ信号である．

13.2.3 グラフフーリエ変換

第 4 章で論じたように，連続時間信号は時間領域と周波数領域の 2 つの側面から解釈でき，それらの間の橋渡しを実現するものとしてフーリエ変換が存在した．同様に，グラフ信号においても周波数領域に相当する概念を考えたい．

そのためにまず，通常の連続時間信号の周波数領域表現，すなわち周波数スペクトルについて再考しよう．

連続時間信号 $x(t)$ の周波数スペクトルを $X(\omega)$ とすると，この両者は

$$x(t) = \frac{1}{2\pi} \int_{-\infty}^{\infty} X(\omega) e^{j\omega t} d\omega$$

の関係を満たす（逆フーリエ変換）．上式は，複素指数関数の族 $\{e^{j\omega t} \mid \omega \in \mathbb{R}\}$ を直交基底として，その線形結合により元の $x(t)$ を表現したものに他ならない．ここで，各基底関数 $e^{j\omega t}$ は，負の1次元ラプラス作用素 (Laplace operator) $-\Delta$ の固有関数 (eigenfunction) である．詳しい説明は省くが，一変数関数 $y(t)$ に対するラプラス作用素 Δ は二階微分と等価であり

$$\Delta y(t) = \frac{\partial^2}{\partial t^2} y(t) = \lim_{\epsilon \to 0} \frac{y(t+\epsilon) - 2y(t) + y(t-\epsilon)}{\epsilon^2}$$

である．一方，作用素の固有関数とは，その作用素を適用した後の関数が元の関数の定数倍となる関数のことであり，その際の定数を固有値 (eigenvalue) という．すなわち，負のラプラス作用素の固有関数とは，定数 λ に対し

$$-\Delta y(t) = -\frac{\partial^2}{\partial t^2} y(t) = \lambda y(t)$$

を満たす関数 $y(t)$ のことを指す．実際，$y(t) = e^{j\omega t}$ のとき，固有値 $\lambda = \omega^2 \geq 0$ の元で上式は満たされる．

上記の考え方にならって，グラフ信号 $\boldsymbol{x} \in \mathbb{R}^N$ を何らかの直交基底 $\{\boldsymbol{\gamma}_k \mid k = 1, \ldots, N\}$ の線形結合により

$$\boldsymbol{x} = \sum_{k=1}^{N} X_k \boldsymbol{\gamma}_k = (\boldsymbol{\gamma}_1 \quad \cdots \quad \boldsymbol{\gamma}_N) \begin{pmatrix} X_1 \\ \vdots \\ X_N \end{pmatrix} \tag{13.9}$$

として表現することを考える．このとき，各基底ベクトル $\boldsymbol{\gamma}_k$ が「ラプラス作用素の固有関数」に相当するベクトルであれば，係数 $\boldsymbol{X} = (X_1 \quad \cdots \quad X_N)^T$ はグラフ信号 $\boldsymbol{x}$ の「周波数スペクトル」に相当する表現とみなせる．そのラプラス作用素が後述の**グラフラプラシアン (graph Laplacian)** である．

定義 13.2（次数行列） 重み付き無向グラフ $\mathcal{G} = (\mathcal{V}, \mathcal{E}, \mathcal{W})$ に対し（ただし，頂点数を N とする），頂点 ν_i を端点とする辺の重みの総和

$$\eta_i \triangleq \sum_{l=1}^{N} \varpi_{il} \tag{13.10}$$

を ν_i の**次数** (degree) という．また，次数 η_i を i 行 i 列成分とする対角行列

$$\mathcal{H} \triangleq \begin{pmatrix} \eta_1 & & \\ & \ddots & \\ & & \eta_N \end{pmatrix} \tag{13.11}$$

をグラフ $\mathcal{G}$ の**次数行列** (degree matrix) という． ■

定義 13.3（**グラフラプラシアン**） 重み付き無向グラフ $\mathcal{G} = (\mathcal{V}, \mathcal{E}, \mathcal{W})$ の次数行列を $\mathcal{H}$ とするとき

$$\mathcal{L} \triangleq \mathcal{H} - \mathcal{W} \tag{13.12}$$

を $\mathcal{G}$ の**グラフラプラシアン**という． ■

性質 13.1 $\mathcal{G}$ が無向グラフのとき，$\mathcal{L}$ は半正定値対称行列となる．また，$\mathcal{L}$ は非正則であり $\det(\mathcal{L}) = 0$ を満たす．ゆえに，$\mathcal{L}$ の固有値はすべて実数となり，これらを小さい順に λ_k $(k = 1, \ldots, N)$ とすると

$$0 = \lambda_1 \leq \lambda_2 \leq \cdots \leq \lambda_N$$

が成り立つ．さらに，λ_k に属する固有ベクトル γ_k は

$$\gamma_k{}^T \gamma_l = \begin{cases} 1 & (k = l) \\ 0 & (k \neq l) \end{cases} \qquad (1 \leq k \leq N,\ 1 \leq l \leq N) \tag{13.13}$$

を満たす実ベクトルとなるように定めることができる． ■

問 13.3 $\mathcal{L}$ が半正定値対称行列となることを示し，さらに式 (13.13) を導け．

　上記の議論から，$\mathcal{L}$ の固有ベクトルはフーリエ変換における $e^{j\omega t}$ と同等の性質を備えており，これを式 (13.9) における直交基底 $\{\gamma_k\}$ として用いることによりグラフ信号のスペクトルを定義できる．実際，性質 13.1 の γ_k を式 (13.9) の γ_k として用いたとき（両者が同一のとき），式 (13.13) より

$$\gamma_k{}^T \boldsymbol{x} = \sum_{l=1}^{N} X_l \gamma_k{}^T \gamma_l = X_k$$

であり，したがって $\boldsymbol{X} = (X_1 \ \cdots \ X_N)^T$ は

$$\boldsymbol{X} = (\boldsymbol{\gamma}_1{}^T \boldsymbol{x} \ \cdots \ \boldsymbol{\gamma}_N{}^T \boldsymbol{x})^T = (\boldsymbol{\gamma}_1 \ \cdots \ \boldsymbol{\gamma}_N)^T \boldsymbol{x} = \Gamma^T \boldsymbol{x}$$

で与えられる．ただし，$\Gamma = (\boldsymbol{\gamma}_1 \ \cdots \ \boldsymbol{\gamma}_N)$ である．一方，$\boldsymbol{x}$ については，式 (13.9) より $\boldsymbol{x} = \Gamma \boldsymbol{X}$ が成り立つ．

定義 13.4（グラフフーリエ変換・逆グラフフーリエ変換） 重み付き無向グラフ $\mathcal{G} = (\mathcal{V}, \mathcal{E}, \mathcal{W})$ のグラフラプラシアンを $\mathcal{L}$ とし，$\mathcal{L}$ の固有ベクトルを $\boldsymbol{\gamma}_k$ ($k = 1, \ldots, N$) とする．ただし，N は $\mathcal{G}$ の頂点数であり，$\boldsymbol{\gamma}_k$ は $\|\boldsymbol{\gamma}_k\| = 1$ となるように定める．また，行列 Γ を $\Gamma = (\boldsymbol{\gamma}_1 \ \cdots \ \boldsymbol{\gamma}_N)$ と定める．このとき，グラフ信号 $\boldsymbol{x} \in \mathbb{R}^N$ に対し

$$\boldsymbol{X} \triangleq \Gamma^T \boldsymbol{x} \in \mathbb{R}^N \tag{13.14}$$

を $\boldsymbol{x}$ のスペクトルと呼び，この変換を**グラフフーリエ変換**（Graph Fourier Transform：GFT）という．また，$\boldsymbol{x}$ は $\boldsymbol{X}$ から

$$\boldsymbol{x} = \Gamma \boldsymbol{X} \in \mathbb{R}^N \tag{13.15}$$

として復元できる．これを**逆グラフフーリエ変換**（Inverse Graph Fourier Transform：IGFT）という．∎

性質 13.2（パーシバルの等式） グラフ信号 $\boldsymbol{x} = (x(\nu_1) \ \cdots \ x(\nu_N))^T$ に対し，その GFT を $\boldsymbol{X} = (X_1 \ \cdots \ X_N)^T$ とする．このとき

$$\sum_{k=1}^N X_k^2 = \sum_{i=1}^N x(\nu_i)^2 \tag{13.16}$$

が成り立つ．∎

先述のように，フーリエ変換における基底関数 $\{e^{j\omega t}\}$ は負の 1 次元ラプラス作用素の固有関数であり，その固有値は ω^2 である．この事実は，$\omega = 0$ のとき，固有値 0 に属する基底関数は $e^{j \cdot 0 \cdot t} = 1$ すなわち定数信号となること，および，より大きな固有値に属する基底関数ほどより高周波な信号となることを意味している．同様の性質が GFT における基底ベクトル $\{\boldsymbol{\gamma}_k\}$ にも存在する．図 13.14 は，頂点数 12 のグラフに対し $\{\boldsymbol{\gamma}_k\}$ を実際に計算し，その一部をグラフ信号として図示したものである．図からわかる通り，固有値 $\lambda_1 (= 0)$ に属する固有ベクトル $\boldsymbol{\gamma}_1$ は定数信号となる．また，k が大きくなるほど，すなわち，より大きい固有値に属する基底ベクトルほど，隣接する頂点どうしで信号の値が大きく異なるケースの目立つ，「滑らか」でない信号が形成される．

GFT における変換元および変換先の領域をそれぞれ**頂点領域**（vertex do-

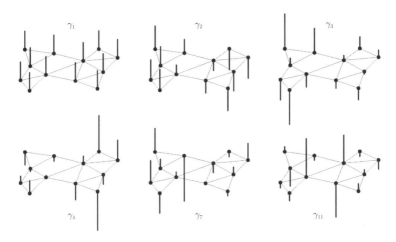

図 **13.14** **GFT** における基底ベクトル $\{\gamma_k\}$ の信号としての「滑らかさ」

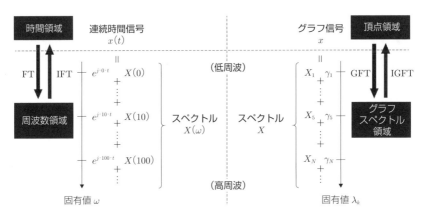

図 **13.15** 通常のフーリエ変換 (**FT**) とグラフフーリエ変換 (**GFT**) の対応関係

main) および**グラフスペクトル領域** (**graph spectral domain**) と呼ぶ.
これらは通常のフーリエ変換における時間領域および周波数領域に相当する.
図 13.15 にフーリエ変換と GFT の対応関係を示す.

🈷 **13.4**　$\lambda_1 = 0$ であり,かつ γ_1 が定数信号となることを確かめよ.

🈷 **13.5**　パーシバルの等式が成り立つことを確かめよ.

🔲 13.2.4 グラフ信号に対する演算

第2章で見たように，通常の信号に対してはシフトや伸縮，畳込みといった演算が定義される．しかし，同様の演算をグラフ信号に対して定義することは必ずしも容易ではない．例えばシフトは，音響信号や画像信号に対しては単純な平行移動として理解されるが，一般に不規則な構造をもつグラフ上では「平行移動」の概念は存在しない．こうした問題を回避するため，グラフ信号に対する演算は GFT を巧みに利用して定義される．

（1）フィルタリング

連続時間信号の周波数スペクトル $X(\omega)$ に対し，例えば $H(\omega) = \frac{2}{1+|\omega|}$ を乗ずる処理は，$|\omega| < 1$ の成分を増幅し $|\omega| > 1$ の成分を減衰するローパスフィルタとして作用する．同様のフィルタリング処理が，グラフ信号に対しても次のように定義できる．

グラフ信号 $\boldsymbol{x} \in \mathbb{R}^N$ の GFT を $\boldsymbol{X} = (X_1 \ \cdots \ X_N)^T = \Gamma^T \boldsymbol{x}$ とし，この $\boldsymbol{X}$ に $\boldsymbol{H} = (H_1 \ \cdots \ H_N)^T$ を要素ごとに乗ずる処理を考える．前述のように，小さい k は低周波成分に，大きい k は高周波成分に対応することから，例えば $H_k = \frac{2}{1+k}$ を乗ずる処理はローパスフィルタとして作用し，その結果は $\boldsymbol{H} \odot \boldsymbol{X} = (H_1 X_1 \ \cdots \ H_N X_N)^T$ を IGFT することにより得られる．ここで，$\odot$ はアダマール積 (Hadamard product)，すなわち要素ごとの積を表す．具体的には，フィルタリング処理の結果 $\boldsymbol{y}$ は

$$
\begin{aligned}
\boldsymbol{y} = \Gamma(\boldsymbol{H} \odot \boldsymbol{X}) &= \sum_{k=1}^{N} H_k X_k \boldsymbol{\gamma}_k \\
&= \sum_{k=1}^{N} H_k \boldsymbol{\gamma}_k \boldsymbol{\gamma}_k{}^T \boldsymbol{x} = \Gamma \ \mathrm{diag}(\boldsymbol{H}) \ \Gamma^T \boldsymbol{x}
\end{aligned}
\tag{13.17}
$$

で与えられる．ただし

$$
\mathrm{diag}(\boldsymbol{H}) \triangleq \begin{pmatrix} H_1 & & \\ & \ddots & \\ & & H_N \end{pmatrix}
$$

である．このときの $\boldsymbol{H}$ は一般に**カーネル (kernel)** と呼ばれる[†]．

[†] この「カーネル」は CNN におけるカーネルとは意味が全く異なり，互いに無関係である．

(2) 畳込み

第4章で見たように，通常の連続時間信号においては，時間領域における畳込みは周波数領域では積算に対応する．この事実に基づき，グラフ信号処理では畳込みを次のように定義する．

定義 13.5（グラフ信号の畳込み） 重み付き無向グラフ $\mathcal{G} = (\mathcal{V}, \mathcal{E}, \mathcal{W})$ 上で定義される2つのグラフ信号 x, y に対し，それらの畳込みを

$$y * x \triangleq \Gamma\left((\Gamma^T y) \odot (\Gamma^T x)\right) \tag{13.18}$$

と定義する．ただし，Γ は $\mathcal{G}$ 上のグラフ信号に対する GFT 行列（定義13.4にて導入した Γ）である．∎

上の定義は，x, y をそれぞれ GFT したのち，グラフスペクトル領域において両者の積を要素ごとに求め，その結果を IGFT により頂点領域に戻す，という処理を意味する．また，式 (13.17)，式 (13.18) より，グラフ信号 y との畳込みは，その GFT すなわち $Y = \Gamma^T y$ をカーネルとみなしてフィルタリング処理を適用することと等価であり，次式が成り立つ．

$$y * x = \Gamma \operatorname{diag}(\Gamma^T y) \Gamma^T x \tag{13.19}$$

(3) シフト

通常の連続時間信号において，$t = t_0$ においてピークをもつインパルス信号 $\delta(t - t_0)$ と $x(t)$ の畳込みは

$$x(t) * \delta(t - t_0) = \int_{-\infty}^{\infty} x(t - \tau)\delta(\tau - t_0) d\tau = x(t - t_0)$$

であり，元の $x(t)$ を t_0 だけ時間シフトした信号に等しい．このことを踏まえ，グラフ信号処理では，シフト演算を「インパルス信号との畳込み」と定義する．

定義 13.6（グラフ上のインパルス信号） 頂点数 N の重み付き無向グラフ $\mathcal{G} = (\mathcal{V}, \mathcal{E}, \mathcal{W})$ に対し，頂点 $\nu_i \in \mathcal{V}$ においてピークをもつインパルス信号を

$$\delta_i \triangleq (\delta_{i1} \ \ \delta_{i2} \ \ \cdots \ \ \delta_{iN})^T \in \mathbb{R}^N \tag{13.20}$$

と定義する．ここで，δ_{ij} はクロネッカーのデルタであり

$$\delta_{il} = \begin{cases} 1 & (l = i) \\ 0 & (l \neq i) \end{cases}$$

である．すなわち，δ_i は i 次元目のみが1，それ以外の次元はすべて0の

N 次元ベクトルである[†].　　　　　　　　　　　　　　　　　■

定義 13.7（グラフ信号に対するシフト演算） 頂点数 N の重み付き無向グラフ $\mathcal{G} = (\mathcal{V}, \mathcal{E}, \mathcal{W})$ において，$\mathcal{V}$ を定義域とするグラフ信号 $\boldsymbol{x}$ に対するシフト演算 $\mathcal{T}_i$ を

$$\mathcal{T}_i[\boldsymbol{x}] \triangleq \sqrt{N}(\boldsymbol{\delta}_i * \boldsymbol{x}) = \sqrt{N}\,\Gamma\,\mathrm{diag}(\Gamma^T \boldsymbol{\delta}_i)\,\Gamma^T \boldsymbol{x} \qquad (13.21)$$

と定義する $(i = 1, \ldots, N)$.　　　　　　　　　　　　　■

(4) 変調

変調（**modulation**）は，連続時間信号 $x(t)$ に対する処理としては周波数シフトに相当する．$x(t)$ のスペクトルを $X(\omega)$ とすると，これを ω_0 だけ周波数シフトした $X(\omega - \omega_0)$ は，時間領域では $e^{j\omega_0 t}x(t)$ に対応する．ここで，$e^{j\omega_0 t}$ はフーリエ変換における基底関数であるから，変調とは，時間領域において基底関数を乗ずる処理と捉えられる．これを踏まえ，グラフ信号に対する変調を，頂点領域において GFT の基底ベクトル $\boldsymbol{\gamma}_k$ を乗ずる処理として定義する．

定義 13.8（グラフ信号に対する変調） 頂点数 N の重み付き無向グラフ $\mathcal{G} = (\mathcal{V}, \mathcal{E}, \mathcal{W})$ において，$\mathcal{V}$ を定義域とするグラフ信号 $\boldsymbol{x}$ に対する変調 $\mathcal{M}_k$ を

$$\mathcal{M}_k[\boldsymbol{x}] \triangleq \sqrt{N}(\boldsymbol{\gamma}_k \odot \boldsymbol{x}) \qquad (13.22)$$

と定義する $(k = 1, \ldots, N)$.　　　　　　　　　　　　■

(5) 伸縮

伸縮（**dilation**）は，連続時間信号 $x(t)$ に対する処理としては，第 2 章で述べた時間伸縮に相当する．時間スケールの倍率を $c\ (> 0)$ とすると，$x(t)$ に対する時間伸縮は $x(ct)$ で与えられ，そのスペクトルは，$x(t) \leftrightarrow X(\omega)$ とすれば，$\frac{1}{c}X\left(\frac{\omega}{c}\right)$ で与えられる．上記は，時間領域における c 倍の伸縮が周波数領域における $\frac{1}{c}$ 倍の伸縮と等価である，ということを意味している．これを踏まえ，グラフ信号に対する伸縮を次のように定義する．

定義 13.9（グラフ信号に対する伸縮） 頂点数 N の重み付き無向グラフ $\mathcal{G} = (\mathcal{V}, \mathcal{E}, \mathcal{W})$ 上で定義されるグラフ信号 $\boldsymbol{x} \in \mathbb{R}^N$ について，その GFT を $\boldsymbol{X} = \Gamma^T \boldsymbol{x} = (X_1\ \cdots\ X_N)^T$ とする．さらに，$X_k\ (k = 1, \ldots, N)$ が何らかの連続関数 $\zeta : \mathbb{R} \to \mathbb{R}$ を用いて $X_k = \zeta(k)$ で表される（近似できる）とする．このとき，$\boldsymbol{x}$ に対する c 倍の伸縮 $\mathcal{D}_c$ を

[†] このようなベクトルを one-hot vector という．

$$\mathcal{D}_c[\boldsymbol{x}] \triangleq \Gamma \boldsymbol{X}^{(c)} = \Gamma \left(X_1^{(c)} \quad \cdots \quad X_N^{(c)} \right)^T \tag{13.23}$$

と定義する．ただし

$$X_k^{(c)} = \zeta \left(\frac{k}{c} \right) \quad (k = 1, \dots, N)$$

と定める． ∎

🔲 **13.2.5 グラフ信号処理の応用例**

グラフ信号処理は，例えば都市における道路網など，物理的な実体がグラフ構造を有するものの解析に応用されるほか，ディジタル画像など，古典的な信号処理技術でも処理可能な対象をよりよく解析する手段として利用される場合もある．以下，いくつかの応用事例を簡単に紹介する．

複数のセンサ（温度センサなど）を空間内に分散配置し無線通信等により協調的に動作させるセンサネットワークにおいて，各センサの出力は総体としてグラフ信号をなす（空間的に近接しているセンサどうしを重みの強い辺で結ぶ）．このとき，近接するセンサどうしでは出力が類似することが多いため，上記の信号はグラフスペクトル領域において低周波成分が支配的な信号となる．このことを踏まえて高周波成分を解析することにより，センサネットワークにおける異常検知が可能である．また，自動車の交通量は道路網というグラフの上で定義されるグラフ信号と解釈できるが，これに対し上と同様の解析を行えば，交通渋滞などの特定イベントの検知に役立つ．ただし，時間経過に伴って値が変化するグラフ信号を取り扱うための工夫が別途必要となる．

他の例として，人間の脳波の解析にもグラフ信号処理は多用される．前節でDNNを紹介する際に少し触れた通り，人間の脳はミクロな視点ではニューロンとシナプスからなる．しかし，よりマクロな視点で見ると，脳は一次視覚野や一次運動野といった組織から構成されている．そのような組織を頂点とし，さらに，組織どうしの構造的隣接性や機能的類似性に基づいて頂点間に辺を定めたとき，MRIやfMRIなどにより得られる脳波データはグラフ信号と見なし得る．グラフ信号処理を用いた脳波解析により，人間が自分にとって不慣れなタスクを学習している状況下では，脳波データのパワーが低周波成分に集中しているときほど学習効果が高い傾向がある，などの知見が得られている．

弱 ←——— 高周波成分の低減度合い ———→ 強

元の画像

Gaussian ブラー
による平滑化

GFT に基づく
フィルタリング

図 **13.16** グラフ信号処理を応用したディジタル画像からのノイズ除去

　グラフ信号処理をディジタル画像解析に応用した例としては，ノイズ除去が代表的である．画像ノイズは一般に高周波成分として現れることが多いため，それを低減するようなローパスフィルタを古典的な信号処理技術に基づいて設計すれば，ノイズ除去は実現される．しかし，その場合，エッジなども同時に平滑化されるという問題が生ずる．この問題は，グラフ信号処理の利用により回避可能である．各ピクセルを頂点とし，それらの間の辺をピクセルどうしの隣接関係に基づいて定める．このとき，辺の重みを，隣接ピクセル間の画素値の類似性に基づいて定める（したがって，画像ごとに異なるグラフが形成される）．以上の設定の下，グラフスペクトル領域において高周波成分を低減するようなフィルタリングを行うことにより，エッジに対する平滑化効果を抑えつつノイズを低減することが可能となる（図 13.16）．

　また，DCT が画像や映像の圧縮に応用されているのと同様に，GFT をデータ圧縮に応用している例もある．物体の 3 次元形状を表現する手段の 1 つに Point Cloud がある．これは，物体を点の集合で表現し，各点の 3 次元座標をデータとして保存するもので，各点に色（RGB 値）などの付加情報をもたせる場合もある．このとき，点の数は一般に膨大であるため，色情報のデータ量は非常に大きなものとなる．他方で，通常のディジタル画像と同様，近接する点どうしでは互いに似た色をもつことが多い．この性質を踏まえて，Point Cloud をグラフと捉え（一つひとつの点を頂点，それらの近傍関係を辺とする），色情報をその上で定義されるグラフ信号として解釈し，低周波成分のみを保存する．

これにより，Point Cloud 上の色情報のデータ圧縮が実現される．

　以上のように，グラフ信号処理はさまざまな分野で応用が進みつつある．より発展的な内容や他の応用事例については Ortega らのサーベイ論文などに詳しい[22]．一方で，グラフ信号処理はまだ完成されてはおらず，基礎理論のさらなる拡充が求められている．例えば，大規模グラフに対する効率的な GFT 計算法の確立，グラフ信号に対するウェーブレット変換理論の完成，有向グラフ上の信号を対象としたグラフ信号処理，グラフの構造そのものが時間経過とともに変化する場合の取り扱いなどについて，研究のさらなる進展が待望される．

(1) 1次元の畳込み層（パーセプトロンが1次元的に並んだ構造の畳込み層）からなる CNN において，以下の2つの層が直列に接続されているとする．

- □ 一層目：カーネルサイズ $2k+1$，パディングサイズ k，ストライド1の畳込み層
- □ 二層目：カーネルサイズ $2l+1$，パディングサイズ l，ストライド1の畳込み層

ただし，k, l は1以上の整数とする．一層目において活性化関数を適用しないとき（もしくは活性化関数が恒等関数 $\phi(\xi) = \xi$ であるとき），上記の二層は全体として単一の畳込み層と等価な働きしかしないことを示せ．

(2) 図 13.17 の重み付き無向グラフ $\mathcal{G} = (\mathcal{V}, \mathcal{E}, \mathcal{W})$ について，以下の問に答えよ．

図 13.17

(i) $\mathcal{G}$ のグラフラプラシアン $\mathcal{L}$ を求めよ．

(ii) 頂点 $\nu_i \in \mathcal{V}$ 上の信号値が

$$x(\nu_i) = \cos\left(\frac{(2i-1)k\pi}{2N}\right)$$

で与えられるグラフ信号 $\boldsymbol{x} = (x(\nu_1) \ x(\nu_2) \ \cdots \ x(\nu_N))^T \in \mathbb{R}^N$ を考え，さらに $\boldsymbol{y} = \mathcal{L}\boldsymbol{x}$ とおく．$\boldsymbol{y}$ を求めよ．ただし k は $0 \le k < N$ を満たす整数とする．

(iii) 問 (ii) の結果を踏まえ，この $\mathcal{G}$ における GFT 行列 Γ が DCT 行列 U に一致することを示せ．

(3) 頂点数 N の重み付き無向グラフ $\mathcal{G}$ について，そのグラフラプラシアンを $\mathcal{L}$ とする．また，$\mathcal{L}$ の固有値を $\lambda_1, \ldots, \lambda_N$ とする．いま，$\mathcal{G}$ 上のグラフ信号 $\boldsymbol{x} \in \mathbb{R}^N$ をカーネル $\boldsymbol{H} = (H_1, \ldots, H_N)^T$ によりフィルタリングする場合を考える．$\boldsymbol{H}$ の k 次元目の値が

$$H_k = \sum_{l=0}^{m} a_l \lambda_k^l = a_m \lambda_k^m + a_{m-1} \lambda_k^{m-1} + \cdots + a_1 \lambda_k + a_0$$

のように，λ_k の m 次多項式で表されるとき，フィルタリング結果のグラフ信

号 $\boldsymbol{y}$ は

$$\boldsymbol{y} = \sum_{l=0}^{m} a_l \mathcal{L}^l \boldsymbol{x}$$

で与えられることを示せ. ただし a_l $(l = 1, \ldots, m)$ は実数とする.

参考文献

1) A. V. Oppenheim, A. S. Willsky, and S. H. Nawab, Signals & Systems, Second Edition, Prentice Hall, 2000.

2) A. V. Oppenheim and R. W. Schafer, Discrete-time Signal Processing, Third Edition, Prentice Hall, 2009.

3) H. P. Hsu, Signals and Systems, Third Edition, McGraw-Hill, 2013.

4) 高畑文雄, 信号表現の基礎, 電子情報通信学会, 1998.

5) 飯國洋二, 基礎から学ぶ信号処理, 培風館, 2004.

6) M. H. Hayes, Digital Signal Processing, Second Edition, McGraw-Hill, 2011.

7) J. G. Proakis and Dimitris G. Manolakis, Digital Signal Processing, Principles, Algorithms, and Applications, Fourth Edition, Prentice Hall, 2007.

8) 辻井重男・鎌田一雄, ディジタル信号処理, 昭晃堂, 1990.

9) 樋口龍雄・川又政征, MATLAB 対応 ディジタル信号処理, 昭晃堂, 2000.

10) 貴家仁志, ディジタル信号処理のエッセンス, 昭晃堂, 2007.

11) 有木康雄編, ディジタル信号処理, オーム社, 2013.

12) R. C. Gonzalez and R. E. Woods, Digital Image Processing, Third Edition, Prentice Hall, 2007.

13) 美濃導彦・西田正吾共編, 情報メディア工学, オーム社, 1999.

14) 高木幹雄・下田陽久監修, 新編 画像解析ハンドブック, 東京大学出版会, 2004.

15) 新井康平, ウェーブレット解析の基礎理論, 森北出版, 2000.

16) 中野宏毅・山本鎭男・吉田靖夫, ウェーブレットによる信号処理と画像処理, 共立出版, 1999.

17) チャールズ K. チュウイ著／桜井明・新井勉共訳, ウェーブレット入門, 東京電機大学出版局, 1993.

18) S. Mallat, A Wavelet Tour of Signal Processing, Academic Press,

1998.

19) K. He, X. Zhang, S. Ren, and J. Sun, "Deep Residual Learning for Image Recognition," Proceedings of the 2016 IEEE Conference on Computer Vision and Pattern Recognition (CVPR), pp. 770–778, 2016.

20) A. Vaswani, N. Shazeer, N. Parmar, J. Uszkoreit, L. Jones, A. N. Gomez, L. Kaiser, and I. Polosukhin, "Attention is All You Need," Proceedings of the 31st International Conference on Neural Information Processing Systems (NIPS), pp. 5998–6008, 2017.

21) A. Graves, "Generating Sequences With Recurrent Neural Networks," arXiv preprint, arXiv:1308.0850, 43 pages, 2013.

22) A. Ortega, P. Frossard, J. Kovacevic, J. M. F. Moura, and P. Vandergheynst, "Graph Signal Processing: Overview, Challenges, and Applications," Proceedings of the IEEE, Vol. 106, No. 5, pp. 808–828, 2018.

章内問題解答

第2章

2.1 例えば性質 3)

$$\int_{-\infty}^{\infty} x(t)dt = \int_{-\infty}^{0} x(t)dt + \int_{0}^{\infty} x(t)dt$$

$$= \int_{-\infty}^{0} x(-t)dt + \int_{0}^{\infty} x(t)dt \quad (\text{偶関数の性質より})$$

$$= -\int_{\infty}^{0} x(u)du + \int_{0}^{\infty} x(t)dt$$

$$= \int_{0}^{\infty} x(u)du + \int_{0}^{\infty} x(t)dt$$

$$= 2\int_{0}^{\infty} x(t)dt$$

2.2 (d) について説明する. 所与の信号は

$$x(t) = \begin{cases} \dfrac{t}{3} & (0 \le t \le 3) \\ 0 & (\text{それ以外}) \end{cases}$$

で表現される. $w = -3t+1$ と変数変換すると, $x(w) = w/3 \ (0 \le w \le 3)$. w に $-3t+1$ を代入して $x(-3t+1) = (-3t+1)/3$. また, $0 \le -3t+1 \le 3$

(a)
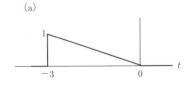

(b)
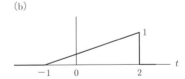

(c)
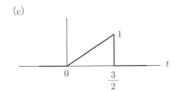

(d)
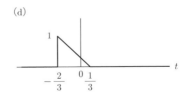

解図 2.1

より，$-2/3 \leq t \leq 1/3$.

2.3 解図 2.2 の通り．

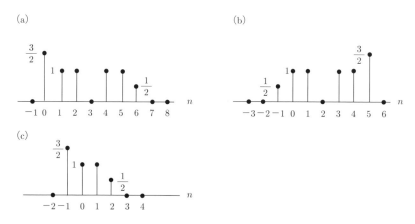

解図 **2.2**

2.4 $u_\Delta(t)$ は，$t < 0$ で 0，$\Delta < t$ で 1，$0 < t < \Delta$ で $(1/\Delta)t$ である．t で微分して，$\dfrac{du_\Delta(t)}{dt} = \delta_\Delta(t)$．$\Delta \to 0$ とすると，$\dfrac{du(t)}{dt} = \delta(t)$．

2.5 式 (2.21) は解図 2.3 の通り．

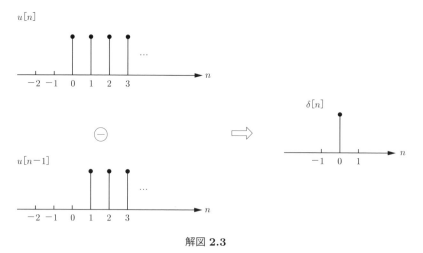

解図 **2.3**

式 (2.23) は解図 2.4 の通り．

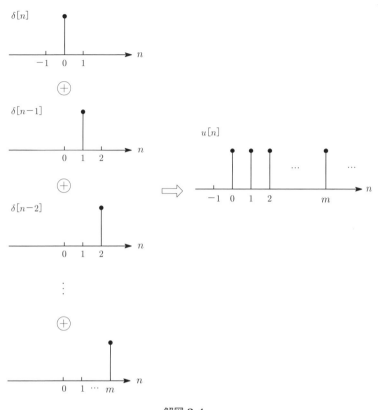

解図 **2.4**

2.6
$$x[n] = \delta[n-1] + \delta[n-2] + \delta[n-3] - \delta[n+1] - \delta[n+2] - \delta[n+3]$$
$$x[n] = u[n] - u[-n] + u[-n-4] - u[n-4]$$
あるいは
$$x[n] = u[n-1] - u[-n-1] + u[-n-4] - u[n-4]$$
あるいは
$$x[n] = u[n] - u[n-4] + u[n-1] - u[n+3]$$

2.7 3) 結合則について証明する.

$x(t) * y(t) = f_1(t),\ y(t) * z(t) = f_2(t)$ とすると

$$f_1(t) = \int_{-\infty}^{\infty} x(t-\tau)y(\tau)d\tau, \qquad f_2(t) = \int_{-\infty}^{\infty} y(t-\tau)z(\tau)d\tau$$

そして

$$x(t) * \big(y(t) * z(t) \big) = x(t) * f_2(t) = \int_{-\infty}^{\infty} x(t-\tau) f_2(\tau) d\tau$$

$$= \int_{-\infty}^{\infty} x(t-\tau) \left[\int_{-\infty}^{\infty} y(\tau-\sigma) z(\sigma) d\sigma \right] d\tau$$

$\lambda = \tau - \sigma$ とし積分の順序を入れ替えると

$$\text{左辺} = \int_{-\infty}^{\infty} \left[\int_{-\infty}^{\infty} x(t-\lambda-\sigma) y(\lambda) d\lambda \right] z(\sigma) d\sigma$$

$$= \int_{-\infty}^{\infty} f_1(t-\sigma) z(\sigma) d\sigma$$

$$= f_1(t) * z = \big(x(t) * y(t) \big) * z(t)$$

$$\left(\because f_1(t-\sigma) = \int_{-\infty}^{\infty} x(t-\sigma-\lambda) y(\lambda) d\lambda \right)$$

2.8

$$x(t) * y(t) = \begin{cases} \dfrac{1}{2}t^2 + t + \dfrac{1}{2} & (-1 \le t \le 0) \\[2mm] -\dfrac{1}{2}t^2 + \dfrac{1}{2} & (0 \le t \le 1) \\[2mm] 0 & (\text{それ以外}) \end{cases}$$

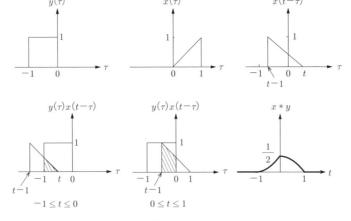

解図 **2.5**

2.9 $x(t)$ を t_1 シフトした $x(t - t_1)$ と $y(t)$ を t_2 シフトした $y(t - t_2)$ の畳込み $x(t - t_1) * y(t - t_2)$ を考える.

$$w(t) \triangleq x(t) * y(t) \triangleq \int_{-\infty}^{\infty} x(t - \tau)y(\tau)d\tau$$

とし, $x(\tau) \to x(\tau - t_1),\ y(\tau) \to y(\tau - t_2)$

$$x(t - t_1) * y(t - t_2) = \int_{-\infty}^{\infty} x(t - \tau - t_1)y(\tau - t_2)d\tau$$

$x(t - \tau - t_1)$ が $x(\tau - t_1)$ を反転して t シフトした信号であることに注意. ここで, $\tau - t_2 = \lambda$ とすると

$$d\tau = d\lambda$$
$$= \int_{-\infty}^{\infty} x(t - (\lambda + t_2) - t_1)y(\lambda)d\lambda$$
$$= \int_{-\infty}^{\infty} x(t - t_1 - t_2 - \lambda)y(\lambda)d\lambda$$
$$\triangleq w(t - t_1 - t_2)$$

2.10

$$x \circ y = \begin{cases} \dfrac{1}{2}t^2 & (-1 \leq t \leq 0) \\[2mm] -\dfrac{1}{2}t^2 - t & (-2 \leq t \leq -1) \\[2mm] 0 & (\text{それ以外}) \end{cases}$$

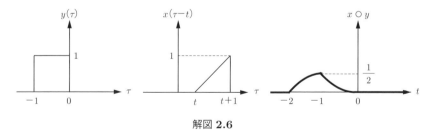

解図 **2.6**

2.11 分配則は成り立つが, 可換則, 結合則は成り立たない.

第3章

3.1 $y(t)$ を積分しても定数項が決まらないので非可逆である.

3.2 総和器 $y[n] = \displaystyle\sum_{k=-\infty}^{n} x[k]$ について

記憶型, 因果的であることは明らか. 安定性については有界な単位ステップ信号を入力するとランプ信号が出力され, 発散する (解図 3.1). したがって, BIBO安定ではない.

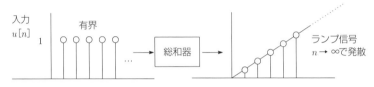

解図 3.1 総和器

$x'[n] = x[n - n_0]$ とする.

$$y'[n] = L[x'[n]] = \sum_{k=-\infty}^{n} x'[k] = \sum_{k=-\infty}^{n} x[k - n_0] = \sum_{k=-\infty}^{n-n_0} x[k]$$
$$= y[n - n_0]$$

よって, 時不変.

$ax_1[n] + bx_2[n]$ を入力すると

$$L[ax_1[n] + bx_2[n]] = \sum_{k=-\infty}^{n} (ax_1[k] + bx_2[k])$$
$$= a \sum_{k=-\infty}^{n} x_1[k] + b \sum_{k=-\infty}^{n} x_2[k]$$
$$= aL[x_1[n]] + bL[x_2[n]]$$

よって, 線形.

3.3 差分器 $y[n] = x[n] - x[n-1]$ について記憶型, 因果的, 安定であることは明らか.

$x'[n] = x[n - n_0]$ とする.

$$y'[n] = L\left[x'[n]\right] = x'[n] - x'[n-1]$$

$$= x[n - n_0] - x[n - 1 - n_0] = x[n - n_0] - x[n - n_0 - 1]$$
$$= y[n - n_0]$$

よって，時不変.

$x'[n] = ax_1[n] + bx_2[n]$ とすると

$$y'[n] = ax_1[n] + bx_2[n] - ax_1[n - 1] - bx_2[n - 1]$$
$$= a(x_1[n] - x_1[n - 1]) + b(x_2[n] - x_2[n - 1])$$
$$= ay_1[n] + by_2[n]$$

よって，線形.

3.4

$$y[n] = L[x[n]]$$
$$= L\left[\sum_{k=-\infty}^{\infty} x[k]\delta[n - k]\right]$$

↓線形性

$$= \sum_{k=-\infty}^{\infty} L[x[k]\delta[n - k]]$$
$$= \sum_{k=-\infty}^{\infty} x[k]L[\delta[n - k]]$$

↓時不変　　　インパルス応答：$h[n] = L[\delta[n]]$

$$= \sum_{k=-\infty}^{\infty} x[k]h[n - k]$$

3.5

$$h[n] = L[\delta[n]]$$
$$= L[u[n] - u[n - 1]]$$
$$= L[u[n]] - L[u[n - 1]] \quad (\because 線形)$$
$$= s[n] - s[n - 1] \quad (\because 時不変)$$

3.6

$$\sum_{k=-\infty}^{\infty} |h[k]| < \infty \text{ かつ } x[k] \text{ が有界，すなわち } \forall k \quad |x[k]| < C$$

のとき

$$|y[n]| = \left| \sum_k h[k]x[n-k] \right| \le \sum_k |h[k]||x[n-k]| \le C \sum_k |h[k]| < \infty$$

よって，$|y[n]| < C'$ となるため $\sum |h[k]| < \infty$ ならば BIBO 安定である．

逆に BIBO 安定ならば，$\sum |h[k]| < \infty$ も同様に示せる．

第4章

4.1
$$a_0 = \frac{b_0}{2}, \quad a_k = \frac{b_k - jc_k}{2}, \quad a_{-k} = \frac{b_k + jc_k}{2}$$

4.2 (a)

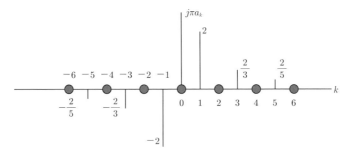

解図 **4.1** 図 **4.1 (a)** の信号のフーリエ係数

$$a_0 = \frac{1}{T_0} \int_{T_0} x(t)e^{-j0\omega_0 t}dt = \frac{1}{T_0} \int_{T_0} x(t)dt = 0 \qquad \Rightarrow 1\text{ 周期の平均値}$$

$$a_k = \frac{1}{T_0} \int_{-\frac{T_0}{2}}^{0} (-1)e^{-jk\omega_0 t}dt + \frac{1}{T_0} \int_{0}^{\frac{T_0}{2}} (1)e^{-jk\omega_0 t}dt \triangleq A + B$$

$$A = \frac{1}{T_0} \int_{0}^{-\frac{T_0}{2}} e^{-jk\omega_0 t}dt = \frac{1}{T_0} \cdot \left. \frac{e^{-jk\omega_0 t}}{-jk\omega_0} \right|_{0}^{-\frac{T_0}{2}} \qquad (\omega_0 = \frac{2\pi}{T_0})$$

$$= \frac{1}{T_0} \cdot \frac{e^{-jk\omega_0(-\frac{T_0}{2})} - 1}{-jk\omega_0} = \frac{1}{T_0} \cdot \frac{1 - e^{jk\pi}}{jk\frac{2\pi}{T_0}}$$

$$= \frac{1 - e^{jk\pi}}{2jk\pi} = \frac{1 - \cos(k\pi)}{2jk\pi}$$

$$B = \frac{1}{T_0} \int_0^{\frac{T_0}{2}} e^{-jk\omega_0 t} dt = \frac{1 - e^{-jk\pi}}{2jk\pi} = \frac{1 - \cos(k\pi)}{2jk\pi}$$

$$\therefore a_k = \frac{1 - \cos k\pi}{jk\pi} = \frac{1 - (-1)^k}{jk\pi}$$

k が偶数なら $a_k = 0$

$k = 0$ に対して奇対称：$a_k = -a_{-k}$

$$x(t) = \sum_{k=-\infty}^{\infty} a_k e^{jk\omega_0 t}$$

$$= \sum_{k=-\infty}^{-1} a_k \left\{ \cos(k\omega_0 t) + j\sin(k\omega_0 t) \right\}$$

$$\quad + a_0 + \sum_{k=1}^{\infty} a_k \left\{ \cos(k\omega_0 t) + j\sin(k\omega_0 t) \right\}$$

$$= \sum_{k=1}^{\infty} \Big[a_{-k} \left\{ \cos(-k\omega_0 t) + j\sin(-k\omega_0 t) \right\}$$

$$\quad + a_k \left\{ \cos(k\omega_0 t) + j\sin(k\omega_0 t) \right\} \Big]$$

$$= \sum_{k=1}^{\infty} \Big[-a_k \left\{ \cos(-k\omega_0 t) - j\sin(-k\omega_0 t) \right\}$$

$$\quad + a_k \left\{ \cos(k\omega_0 t) + j\sin(k\omega_0 t) \right\} \Big]$$

$$= \sum_{k=1}^{\infty} 2a_k j \sin(k\omega_0 t)$$

$$= \frac{4}{\pi} \left\{ \sin(\omega_0 t) + \frac{1}{3}\sin(3\omega_0 t) + \frac{1}{5}\sin(5\omega_0 t) + \cdots \right\}$$

解図 4.2 に第 M 次部分和での原波形の近似を示すが，$T_0 = 0, \pm 1, \pm 2, \ldots$ などの不連続点でオーバーシュートが起こっていることがわかる．これは**ギブス現象**と呼ばれるもので，不連続な信号を連続関数で近似しようとすることの限界を示唆するものである．

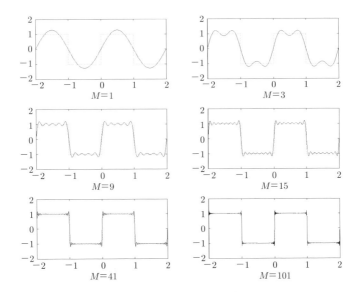

解図 **4.2** 図 **4.1 (a)** の信号の第 M 次部分和での近似

(b)

$$a_0 = \frac{1}{2}, \quad a_k = \frac{1}{k\pi} \sin\left(\frac{k\pi}{2}\right)$$

$$x(t) = \frac{1}{2} + \frac{2}{\pi}\left\{\cos(\omega_0 t) - \frac{1}{3}\cos(3\omega_0 t) + \frac{1}{5}\cos(5\omega_0 t) - \cdots\right\}$$

(c)

$$a_k = \frac{1}{T_0}\int_{-\frac{T_0}{2}}^{0}\left\{\frac{4}{T_0}t + 1\right\}e^{-jk\omega_0 t}dt + \frac{1}{T_0}\int_{0}^{\frac{T_0}{2}}\left\{-\frac{4}{T_0}t + 1\right\}e^{-jk\omega_0 t}dt$$

$$= \frac{4}{T_0^2}\left\{\int_{-\frac{T_0}{2}}^{0}te^{-jk\omega_0 t}dt - \int_{0}^{\frac{T_0}{2}}te^{-jk\omega_0 t}dt\right\}$$

$$\quad + \frac{1}{T_0}\int_{-\frac{T_0}{2}}^{\frac{T_0}{2}}e^{-jk\omega_0 t}dt \quad (=0)$$

$$= \frac{2}{k^2\pi^2}\left\{1 - \cos(k\pi)\right\}$$

(d) インパルス繰返し信号（基本周期 = 2）

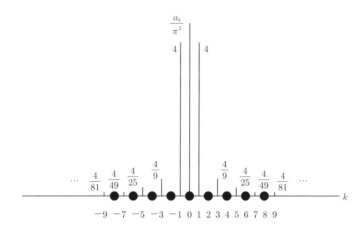

解図 4.3 図 4.1 (c) の信号のフーリエ係数 ($T_0 = 2$ の場合)

$T_0 = 2$ より $\omega_0 = \dfrac{2\pi}{T_0} = \pi$, 積分範囲: $-\dfrac{1}{2} \sim \dfrac{3}{2}$

$a_k = \dfrac{1}{2} \displaystyle\int_{-\frac{1}{2}}^{\frac{3}{2}} \left\{ 2\delta(t) - \delta(t-1) \right\} e^{-jk\omega_0 t} dt$

$\quad = \displaystyle\int_{-\frac{1}{2}}^{\frac{3}{2}} \delta(t) e^{-jk\pi t} dt - \dfrac{1}{2} \int_{-\frac{1}{2}}^{\frac{3}{2}} \delta(t-1) e^{-jk\pi t} dt$

ここで, デルタ関数の性質 $\displaystyle\int_{-\infty}^{\infty} x(t)\delta(t-t_0)t = x(t_0)$ を使うと

$\quad = e^{-jk\pi \cdot 0} - \dfrac{1}{2} e^{-jk\pi \cdot 1}$

$\quad = 1 - \dfrac{1}{2} e^{-jk\pi} = 1 - \dfrac{1}{2}(\cos k\pi - j\sin k\pi)$

$\quad = 1 - \dfrac{1}{2}(-1)^k$

4.3

$X(\omega) = \displaystyle\int_{-\infty}^{\infty} x(t) e^{-j\omega t} dt \quad$ より

$\overline{X(\omega)} = \overline{\displaystyle\int_{-\infty}^{\infty} x(t) e^{-j\omega t} dt}$

$\quad\quad = \displaystyle\int_{-\infty}^{\infty} \overline{x}(t) e^{j\omega t} dt$

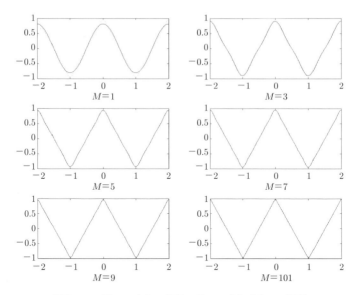

解図 **4.4**　図 **4.1 (c)** の信号の第 M 次部分和での近似

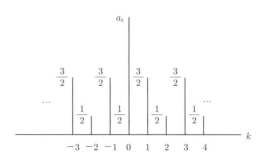

解図 **4.5**　図 **4.1 (d)** の信号のフーリエ係数

$$= \int_{-\infty}^{\infty} x(t) e^{-j(-\omega)t} dt \qquad (x(t) \text{ は実数なので } \overline{x}(t) = x(t))$$

$$= X(-\omega)$$

明らかに　$\left| X(\omega) \right| = \left| X(-\omega) \right|$

$$\phi(-\omega) = -\phi(\omega)$$

4.4

□ 線形性

$$\mathcal{F}[a_1 x_1(t) + a_2 x_2(t)] = \int_{-\infty}^{\infty} \Big(a_1 x_1(t) + a_2 x_2(t) \Big) e^{-j\omega t} dt$$

$$= a_1 \int_{-\infty}^{\infty} x_1(t) e^{-j\omega t} dt + a_2 \int_{-\infty}^{\infty} x_2(t) e^{-j\omega t} dt$$

$$= a_1 X_1(\omega) + a_2 X_2(\omega)$$

□ 時間シフト

$$\mathcal{F}\Big[x(t - t_0) \Big] = \int_{-\infty}^{\infty} x(t - t_0) e^{-j\omega t} dt$$

$$= \int_{-\infty}^{\infty} x(s) e^{-j\omega(s + t_0)} ds \qquad (t - t_0 \triangleq s, \ dt = ds)$$

$$= e^{-j\omega t_0} \int_{-\infty}^{\infty} x(s) e^{-j\omega s} ds$$

$$= e^{-j\omega t_0} X(\omega)$$

□ 周波数シフト

$$\mathcal{F}\Big[x(t) e^{j\omega_0 t} \Big] = \int_{-\infty}^{\infty} x(t) e^{j\omega_0 t} e^{-j\omega t} dt$$

$$= \int_{-\infty}^{\infty} x(t) e^{-j(\omega - \omega_0)t} dt$$

$$= X(\omega - \omega_0)$$

□ 時間反転

$$\mathcal{F}[x(-t)] = \int_{-\infty}^{\infty} x(-t) e^{-j\omega t} dt$$

$$= \int_{\infty}^{-\infty} x(s) e^{-j\omega(-s)} (-ds) \qquad (-t \triangleq s, \ ds = -dt)$$

$$= \int_{-\infty}^{\infty} x(s) e^{-j(-\omega)s} ds$$

$$= X(-\omega)$$

□ 双対性

$$\mathcal{F}[X(t)] = \int_{-\infty}^{\infty} X(t) e^{-j\omega t} dt$$

$$= 2\pi \cdot \frac{1}{2\pi} \int_{-\infty}^{\infty} X(t) e^{jt(-\omega)} dt$$

$$= 2\pi \cdot x(-\omega)$$

☐ 時間の圧縮・伸張

$$\mathcal{F}[x(at)] = \int_{-\infty}^{\infty} x(at) e^{-j\omega t} dt \qquad (a > 0 \text{ のとき } at \triangleq \tau, \ \therefore adt = d\tau)$$

$$= \frac{1}{a} \int_{-\infty}^{\infty} x(\tau) e^{-j\frac{\omega}{a}\tau} d\tau$$

$$= \frac{1}{a} X\left(\frac{\omega}{a}\right)$$

☐ 微分（時間）

$$x(t) = \frac{1}{2\pi} \int_{-\infty}^{\infty} X(\omega) e^{j\omega t} d\omega$$

$$\frac{dx}{dt} = \frac{1}{2\pi} \cdot \frac{d}{dt} \left[\int_{-\infty}^{\infty} X(\omega) e^{j\omega t} d\omega \right]$$

$$= \frac{1}{2\pi} \int_{-\infty}^{\infty} X(\omega) (e^{j\omega t})' d\omega$$

$$= \frac{1}{2\pi} \int_{-\infty}^{\infty} j\omega X(\omega) e^{j\omega t} d\omega$$

$$\frac{dx(t)}{dt} \leftrightarrow j\omega X(\omega)$$

☐ 微分（周波数）

$$\frac{dX(\omega)}{d\omega} = \frac{d}{d\omega} \int_{-\infty}^{\infty} x(t) e^{-j\omega t} dt$$

$$= \int_{-\infty}^{\infty} (-jt) x(t) e^{-j\omega t} dt$$

$$= \mathcal{F}[(-jt)x(t)]$$

☐ 積分

$$\int_{-\infty}^{t} x(\tau) d\tau = \int_{-\infty}^{\infty} u(t-\tau) x(\tau) d\tau = u(t) * x(t) = x(t) * u(t)$$

$$\mathcal{F}[x(t) * u(t)] = X(\omega) \left[\pi \delta(\omega) + \frac{1}{j\omega} \right] \qquad (u(t) \leftrightarrow \pi\delta(\omega) + (1/j\omega))$$

$$= \pi X(\omega)\delta(\omega) + \frac{X(\omega)}{j\omega}$$

$$= \pi X(0)\delta(\omega) + \frac{X(\omega)}{j\omega}$$

□ 畳込み

$$\mathcal{F}\left[x_1(t) * x_2(t)\right] = \int_{-\infty}^{\infty} \left[\int_{-\infty}^{\infty} x_1(t-\tau)x_2(\tau)d\tau\right] e^{-j\omega t}dt$$

$$= \int_{-\infty}^{\infty} \int_{-\infty}^{\infty} x_1(t-\tau)e^{-j\omega(t-\tau)}dt \, x_2(\tau)e^{-j\omega\tau}d\tau$$

$$= \int_{-\infty}^{\infty} x_1(t-\tau)e^{-j\omega(t-\tau)}dt \int_{-\infty}^{\infty} x_2(\tau)e^{-j\omega\tau}d\tau$$

$$= X_1(\omega)X_2(\omega)$$

□ 積算

$$\mathcal{F}\left[x_1(t)x_2(t)\right] = \int_{-\infty}^{\infty} x_1(t)x_2(t)e^{-j\omega t}dt$$

$$= \int_{-\infty}^{\infty} \left[\frac{1}{2\pi}\int_{-\infty}^{\infty} X_1(\lambda)e^{j\lambda t}d\lambda\right] x_2(t)e^{-j\omega t}dt$$

$$= \frac{1}{2\pi}\int_{-\infty}^{\infty} X_1(\lambda)\left[\int_{-\infty}^{\infty} x_2(t)e^{-j(\omega-\lambda)t}dt\right] d\lambda$$

$$= \frac{1}{2\pi}\int_{-\infty}^{\infty} X_1(\lambda)X_2(\omega-\lambda)d\lambda = \frac{1}{2\pi}X_1(\omega) * X_2(\omega)$$

□ 相関

$$\mathcal{F}\left[x_1(t) \circ x_2(t)\right] = \int_{-\infty}^{\infty} \left[\int_{-\infty}^{\infty} x_1(\tau-t)x_2(\tau)d\tau\right] e^{-j\omega t}dt$$

$$= \int_{-\infty}^{\infty} x_1(\tau-t)e^{-j\omega t} \cdot e^{j\omega\tau}dt \int_{-\infty}^{\infty} x_2(\tau)e^{-j\omega\tau}d\tau$$

$$= \int_{\infty}^{-\infty} -x_1(s)e^{-j\omega(-s)}ds \int_{-\infty}^{\infty} x_2(\tau)e^{-j\omega\tau}d\tau$$

$$(\tau-t=s, \ dt=-ds)$$

$$= \int_{-\infty}^{\infty} \overline{x_1(s)e^{-j\omega s}}ds \cdot X_2(\omega) \quad (\because x_1(s)=\overline{x_1(s)})$$

$$= \overline{X_1(\omega)}X_2(\omega) \quad (ただし, \ x_1, \ x_2 \ は実数)$$

□ 実信号

$$X(\omega) \triangleq A(\omega) + jB(\omega)$$
$$x(t) = x_o(t) + x_e(t)$$

$$x_e(t) = \frac{1}{2}\Big(x(t) + x(-t)\Big)$$
$$x_o(t) = \frac{1}{2}\Big(x(t) - x(-t)\Big)$$

$$\mathcal{F}[x(t)] = X(\omega) = A(\omega) + jB(\omega)$$
$$\mathcal{F}[x(-t)] = X(-\omega) = \overline{X(\omega)} = A(\omega) - jB(\omega)$$
$$\mathcal{F}[x_e(t)] = \frac{1}{2}\Big(X(\omega) + X(-\omega)\Big) = \frac{1}{2}\Big(X(\omega) + \overline{X(\omega)}\Big) = A(\omega)$$
$$\mathcal{F}[x_o(t)] = \frac{1}{2}\Big(X(\omega) - X(-\omega)\Big) = \frac{1}{2}\Big(X(\omega) - \overline{X(\omega)}\Big) = jB(\omega)$$

□ パーシバルの等式

$$\overline{X(\omega)} = \overline{\int_{-\infty}^{\infty} x(t)e^{-j\omega t}dt}$$
$$= \int_{-\infty}^{\infty} \overline{x}(t)e^{j\omega t}dt$$

$$\frac{1}{2\pi}\int_{-\infty}^{\infty} |X(\omega)|^2 d\omega = \frac{1}{2\pi}\int_{-\infty}^{\infty} \overline{X(\omega)}X(\omega)d\omega$$
$$= \frac{1}{2\pi}\int_{-\infty}^{\infty} \left[\int_{-\infty}^{\infty} \overline{x}(t)e^{j\omega t}dt\right] X(\omega)d\omega$$
$$= \int_{-\infty}^{\infty} \overline{x}(t)\left[\frac{1}{2\pi}\int_{-\infty}^{\infty} X(\omega)e^{j\omega t}d\omega\right] dt$$
$$= \int_{-\infty}^{\infty} \overline{x}(t)x(t)dt$$
$$= \int_{-\infty}^{\infty} \left|x(t)\right|^2 dt$$

4.5 (1) $\mathrm{sgn}(t) = 2u(t) - 1$ であるから時間微分して $\dfrac{d\,\mathrm{sgn}(t)}{dt} = 2\delta(t)$

$\mathrm{sgn}(t) \leftrightarrow X(\omega)$ とすると，フーリエ変換の微分の関係より $\dfrac{d\,\mathrm{sgn}(t)}{dt} \leftrightarrow$

$$j\omega X(\omega)$$

$$\mathcal{F}\left[\frac{d\,\mathrm{sgn}(t)}{dt}\right] = \int_{-\infty}^{\infty} 2\delta(t)e^{-j\omega t}dt = 2$$

$$j\omega X(\omega) = 2 \qquad \text{よって，} \ \ X(\omega) = \frac{2}{j\omega}$$

(2)

$$u(t) = \frac{1}{2} + \frac{1}{2}\,\mathrm{sgn}(t) \ \text{より} \ u(t) \leftrightarrow \pi\delta(\omega) + \frac{1}{j\omega}$$

4.6

$$x(t) = \sum_{n=-\infty}^{\infty} \delta(t - nT_0) \qquad \left(\omega_0 = \frac{2\pi}{T_0}\right)$$

フーリエ級数展開して

$$x(t) = \sum_{n=-\infty}^{\infty} a_n e^{j\omega_0 nt}$$

ここで

$$a_n = \frac{1}{T_0}\int_{-\frac{T_0}{2}}^{\frac{T_0}{2}} x(t)e^{-jn\omega_0 t}dt = \frac{1}{T_0}$$

ゆえに

$$x(t) = \frac{1}{T_0}\sum_{n=-\infty}^{\infty} e^{jn\omega_0 t}$$

$e^{j\omega_0 t} \leftrightarrow 2\pi\delta(\omega - \omega_0)$ を利用して

$$X(\omega) = \frac{2\pi}{T_0}\sum_{n=-\infty}^{\infty} \delta(\omega - \omega_0 n) = \omega_0 \sum_{n=-\infty}^{\infty} \delta(\omega - \omega_0 n)$$

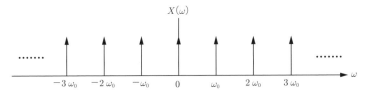

解図 **4.6** スペクトルのインパルス列

4.7 (1) 双対性 $X(t) \leftrightarrow 2\pi x(-\omega)$ より

$$2a \cdot \mathrm{sinc}(at) \longleftrightarrow 2\pi \cdot \mathrm{rect}_a(-\omega)$$

$$\frac{a}{\pi} \mathrm{sinc}(at) \longleftrightarrow \mathrm{rect}_a(-\omega) = \mathrm{rect}_a(\omega)$$

(rect_a は偶関数)

(2)

$$\mathcal{F}[x(t)\cos(\omega_0 t)] = \mathcal{F}\left[\frac{1}{2}x(t)e^{j\omega_0 t} + \frac{1}{2}x(t)e^{-j\omega_0 t}\right]$$

$$= \frac{1}{2}X(\omega - \omega_0) + \frac{1}{2}X(\omega + \omega_0)$$

(3)

$$X(\omega) = \frac{1}{2}\mathrm{rect}_a(\omega - \omega_0) + \frac{1}{2}\mathrm{rect}_a(\omega + \omega_0)$$

$$x(t) = \frac{\sin at}{\pi t}\cos\omega_0 t = \frac{a}{\pi}\mathrm{sinc}(at)\cos(\omega_0 t)$$

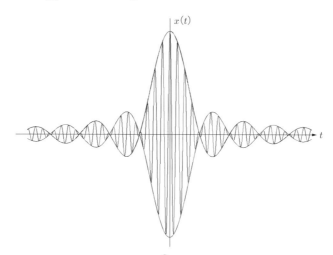

解図 4.7 $\boldsymbol{x(t) = \dfrac{a}{\pi}\,\mathrm{sinc}(at)\cos(\omega_0 t)}$

第5章

5.1 (1) $\cos 2\pi 100t$ より $f = 100\,\mathrm{Hz}$. よって，$f_s = 200\,\mathrm{Hz}$

(2) $x[n] = \cos 2\pi \dfrac{100}{400}n = \cos \dfrac{\pi}{2}n$

(3) $x[n] = \cos 2\pi \dfrac{100}{150} n = \cos \dfrac{4}{3} \pi n = \cos \dfrac{2}{3} \pi n$

(4) サンプリング周波数 $f_s = 150\,\mathrm{Hz}$ に対して，$f = F \cdot f_s = 150 \cdot F$. (3) より，$F = 1/3$ なので $f = 50\,\mathrm{Hz}$. 信号は $\cos 100\pi t$

5.2 $\mathrm{IFT}\Big[F(\omega)\Big] = \dfrac{\omega_M}{\pi} \operatorname{sinc}(\omega_M t)$

$$x_s(t) = \sum_{n=-\infty}^{\infty} x(nT)\delta(t - nT)$$

$$右辺 = \frac{1}{T} x(t)$$

$$左辺 = \left(\sum_{n=-\infty}^{\infty} x(nT)\delta(t - nT) \right) * \frac{\omega_M}{\pi} \operatorname{sinc}(\omega_M t)$$

$$= \frac{\omega_M}{\pi} \sum_{n=-\infty}^{\infty} x(nT)\Big\{ \delta(t - nT) * \operatorname{sinc}(\omega_M t) \Big\}$$

$$= \frac{\omega_M}{\pi} \sum_{n=-\infty}^{\infty} x(nT) \operatorname{sinc}\Big(\omega_M(t - nT) \Big) \qquad \left(\omega_M = \frac{\pi}{T} \right)$$

第6章

6.1 (1)

$$\mathrm{DTFT}(\delta[n]) = \sum_{n=-\infty}^{\infty} \delta[n]e^{-jn\Omega} = e^{-j0\Omega} = 1$$

(2)

$$X(\Omega) = \sum_{n=-\infty}^{\infty} x[n]e^{-j\Omega n}$$

$$= \sum_{n=-N_1}^{N_1} e^{-j\Omega n}$$

$$= e^{-j\Omega(-N_1)} + e^{-j\Omega(-N_1+1)} + \cdots + e^{-j\Omega 0} + \cdots$$
$$\quad + e^{-j\Omega(N_1-1)} + e^{-j\Omega N_1}$$

$$= e^{j\Omega N_1}\left(1 + e^{-j\Omega} + e^{-j2\Omega} + \cdots + e^{-j(2N_1)\Omega} \right) \quad (e^{-j\Omega} : 公比)$$

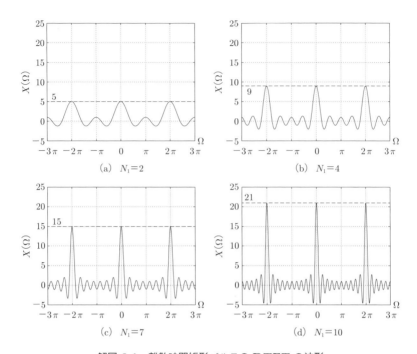

解図 **6.1** 離散時間矩形パルスの **DTFT** の波形

$$= e^{j\Omega N_1} \left(\frac{1 - e^{-j\Omega(2N_1+1)}}{1 - e^{-j\Omega}} \right)$$

$$= \frac{e^{j\Omega N_1} \cdot e^{-j\frac{2N_1+1}{2}\Omega} \left(e^{j\frac{2N_1+1}{2}\Omega} - e^{-j\frac{2N_1+1}{2}\Omega} \right)}{e^{-j\frac{\Omega}{2}} \left(e^{j\frac{\Omega}{2}} - e^{-j\frac{\Omega}{2}} \right)}$$

$$= \frac{\sin(\frac{2N_1+1}{2}\Omega)}{\sin(\frac{\Omega}{2})} \xrightarrow[(\Omega \to 0)]{} 2N_1 + 1$$

$(e^{j\theta} = \cos\theta + j\sin\theta,\ e^{-j\theta} = \cos\theta - j\sin\theta,\ \sin\theta = \frac{e^{j\theta}-e^{-j\theta}}{2j},$

$\cos\theta = \frac{e^{j\theta}+e^{-j\theta}}{2}, \lim_{x\to 0} \frac{\sin ax}{\sin bx} = \lim_{x\to 0} \frac{a}{b} \cdot \frac{\frac{\sin ax}{ax}}{\frac{\sin bx}{bx}} = \frac{a}{b}$ を使う)

$\dfrac{\sin\left(\frac{2N_1+1}{2}\Omega\right)}{\sin\left(\frac{\Omega}{2}\right)}$ の波形 $(N_1 = 2, 4, 7, 10)$ を解図 6.1 に示す．周期は 2π

で, $\Omega = \dfrac{2\pi}{2N_1 + 1}k$ (k は $2N_1 + 1$ の倍数でない整数) で $X(\Omega) = 0$ となる.

6.2 例えば

時間シフト

$$\mathrm{DTFT}(x[n-N]) = \sum_{n=-\infty}^{\infty} x[n-N]e^{-jn\Omega}$$

$$= \sum_{k=-\infty}^{\infty} x[k]e^{-j(k+N)\Omega} \qquad (k = n-N)$$

$$= e^{-jN\Omega} \sum_{k=-\infty}^{\infty} x[k]e^{-jk\Omega}$$

$$= e^{-jN\Omega}X(\Omega)$$

畳込み

$$\mathrm{DTFT}(x[n]*y[n]) = \sum_{n=-\infty}^{\infty} x[n]*y[n]e^{-jn\Omega}$$

$$= \sum_{n=-\infty}^{\infty} \left(\sum_{k=-\infty}^{\infty} x[k]y[n-k] \right) e^{-jn\Omega}$$

$$= \sum_{k=-\infty}^{\infty} \sum_{n=-\infty}^{\infty} x[k]y[n-k]e^{-jn\Omega}$$

$$= \sum_{k=-\infty}^{\infty} x[k] \sum_{n=-\infty}^{\infty} y[n-k]e^{-jn\Omega}$$

$$= \sum_{k} x[k] \sum_{m=-\infty}^{\infty} y[m]e^{-j(m+k)\Omega} \qquad (m = n-k)$$

$$= \sum_{k} x[k]e^{-jk\Omega} \sum_{m} y[m]e^{-jm\Omega}$$

$$= X(\Omega)\cdot Y(\Omega)$$

6.3 $X[k]$, a_k を N 点 DFT, DTFS 係数とすると

$$X[k] = Na_k$$

の関係がある. これは, DFT が非周期信号 $x[n]$ に対して周期 N での拡張を

仮定し DTFS により周波数解析を行うことと解釈できる.

また, $x[n]$ が $n < 0$ および $N-1 < n$ で 0 とすると

$$X(\Omega) = \sum_{n=0}^{N-1} x[n] e^{-jn\Omega}$$

よって

$$X[k] = X(\Omega)|_{\Omega = \frac{2\pi k}{N}} \qquad (k = 0, \ldots, N-1)$$

6.4 例えば

巡回シフト

$$
\begin{aligned}
\mathrm{DFT}[x[n+m]_N] &= \sum_{n=0}^{N-1} x[n+m]_N W_N^{nk} \\
&= \sum_{l=m}^{N-1+m} x[l]_N W_N^{(l-m)k} \qquad (l = n+m) \\
&= \sum_{l=0}^{N-1} x[l] W_N^{(l-m)k} \\
&= W_N^{-mk} \sum_{l=0}^{N-1} x[l] W_N^{lk} \\
&= W_N^{-mk} X[k]
\end{aligned}
$$

複素共役

$$
\begin{aligned}
\mathrm{DFT}\left[\overline{x[n]}\right] &= \sum_{n=0}^{N-1} \overline{x[n]} W_N^{nk} \\
&= \overline{\sum_{n=0}^{N-1} x[n] W_N^{n(-k)}} \\
&= \overline{X[-k]_N}
\end{aligned}
$$

第7章

7.1 $W_N \triangleq e^{-j\frac{2\pi}{N}}$ の複素共役は $e^{j\frac{2\pi}{N}}$ であるから, IDFT は

$$\mathbf{x_N} = \frac{1}{N} \overline{\mathbf{F_N}} \mathbf{X_N}$$

よって

$$\mathbf{F_N^{-1}} = \frac{1}{N}\overline{\mathbf{F_N}}$$

ただし，$\overline{\mathbf{F_N}}$ は $\mathbf{F_N}$ の複素共役行列．

7.2 まず変換行列 $\mathbf{F_4}$ を決定する．$\mathbf{F_4}$ の周期性と対称性を利用して

$$W_N^{k+N/2} = -W_N^k$$

行列 $\mathbf{F_4}$ は

$$\mathbf{F_4} = \begin{bmatrix} W_4^0 & W_4^0 & W_4^0 & W_4^0 \\ W_4^0 & W_4^1 & W_4^2 & W_4^3 \\ W_4^0 & W_4^2 & W_4^4 & W_4^6 \\ W_4^0 & W_4^3 & W_4^6 & W_4^9 \end{bmatrix} = \begin{bmatrix} 1 & 1 & 1 & 1 \\ 1 & W_4^1 & W_4^2 & W_4^3 \\ 1 & W_4^2 & W_4^0 & W_4^2 \\ 1 & W_4^3 & W_4^2 & W_4^1 \end{bmatrix}$$

$$= \begin{bmatrix} 1 & 1 & 1 & 1 \\ 1 & -j & -1 & j \\ 1 & -1 & 1 & -1 \\ 1 & j & -1 & -j \end{bmatrix}$$

と表すことができるので

$$\mathbf{X_4} = \mathbf{F_4}\mathbf{x_4} = \begin{bmatrix} 6 \\ -2+2j \\ -2 \\ -2-2j \end{bmatrix}$$

$\mathbf{F_4^{-1}}$ は 7.1 の解答より

$$\mathbf{F_4^{-1}} = \frac{1}{4}\overline{\mathbf{F_4}} = \frac{1}{4}\begin{bmatrix} 1 & 1 & 1 & 1 \\ 1 & j & -1 & -j \\ 1 & -1 & 1 & -1 \\ 1 & -j & -1 & j \end{bmatrix}$$

$$\mathbf{F_4^{-1}}\mathbf{X_4} = \frac{1}{4}\begin{bmatrix} 1 & 1 & 1 & 1 \\ 1 & j & -1 & -j \\ 1 & -1 & 1 & -1 \\ 1 & -j & -1 & j \end{bmatrix}\begin{bmatrix} 6 \\ -2+2j \\ -2 \\ -2-2j \end{bmatrix} = \begin{bmatrix} 0 \\ 1 \\ 2 \\ 3 \end{bmatrix} = \mathbf{x_4}$$

7.3 解図 7.1 (a) の簡単化が (b) となる.

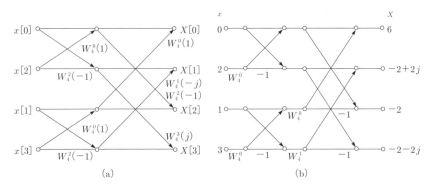

解図 **7.1**

7.4 DFT 係数系列 $X[k]$ をビット反転順に並び換える. 以下の行列を考える.

$$\hat{\mathbf{F}}_4 = \begin{bmatrix} W_4^0 & W_4^0 & W_4^0 & W_4^0 \\ W_4^0 & W_4^2 & W_4^4 & W_4^6 \\ W_4^0 & W_4^1 & W_4^2 & W_4^3 \\ W_4^0 & W_4^3 & W_4^6 & W_4^9 \end{bmatrix}, \qquad \mathbf{G}_4 = \begin{bmatrix} W_8^0 & 0 & 0 & 0 \\ 0 & W_8^1 & 0 & 0 \\ 0 & 0 & W_8^2 & 0 \\ 0 & 0 & 0 & W_8^3 \end{bmatrix}$$

$$\mathbf{F}_8 = \begin{bmatrix} \hat{\mathbf{F}}_4 & \mathbf{O}_4 \\ \mathbf{O}_4 & \hat{\mathbf{F}}_4 \end{bmatrix} \begin{bmatrix} \mathbf{I}_4 & \mathbf{O}_4 \\ \mathbf{O}_4 & \mathbf{G}_4 \end{bmatrix} \begin{bmatrix} \mathbf{I}_4 & \mathbf{I}_4 \\ \mathbf{I}_4 & -\mathbf{I}_4 \end{bmatrix}$$

($\mathbf{O}_4$：4 次の零行列，$\mathbf{I}_4$：4 次の単位行列)

第8章

8.1 ハニング窓について考える.

$$\begin{aligned} w^{HN}[n] &= \frac{1}{2} - \frac{1}{2}\cos\left(\frac{2\pi n}{M-1}\right) \\ &= \frac{1}{2} - \frac{1}{4}e^{j\left(\frac{2\pi n}{M-1}\right)} - \frac{1}{4}e^{-j\left(\frac{2\pi n}{M-1}\right)} \end{aligned} \tag{解 8.1}$$

$$\begin{aligned} W^{HN}(\Omega) &= \sum_{n=0}^{M-1}\left(\frac{1}{2} - \frac{1}{4}e^{j\left(\frac{2\pi n}{M-1}\right)} - \frac{1}{4}e^{-j\left(\frac{2\pi n}{M-1}\right)}\right)e^{-jn\Omega} \\ &= \frac{1}{2}W(\Omega) - \frac{1}{4}W\left(\Omega - \frac{2\pi}{M-1}\right) \end{aligned}$$

$$-\frac{1}{4}W\left(\Omega+\frac{2\pi}{M-1}\right) \qquad (\text{解 } 8.2)$$

ハミング窓，ブラックマン窓も同様．

第9章

9.1 1) 有限長の信号を $N_1 \leq N_2$ で非零の値をもち，それ以外の範囲で零の値をもつ $x[n]$ とすると，z 変換は，$X(z) = \sum_{n=N_1}^{N_2} x[n]z^{-n}$ となる．零あるいは ∞ でない z に対して，上式の各項は有限となるため，z 変換は収束する．N_1 が負で N_2 が正の場合，上式は z の正のべき乗と負のべき乗の項をもつ．$|z| \to 0$ なら，z の負のべき乗項が有界ではなくなり，一方 $|z| \to \infty$ なら，z の正のべき乗項が有界ではなくなる．したがって，ROC は $z = 0, \infty$ を除く全 z 平面となる．

2) 右側 z 変換が存在すると仮定する．$\exists z_0$, $|z| \geq |z_0|$ なる z では $n \geq 0$ で $|z|^{-n} \leq |z_0|^{-n}$ なので収束．よって z_0 を通る同心円の外側領域で収束するので，$\exists \alpha$, $\alpha < |z|$.

3) は 2) と同様．4) は 2)3) の結果を合わせると導ける．

9.2 両側指数関数

$$x[n] = a^n u[n] - b^n u[-n-1]$$

$$X(z) = -\sum_{n=-\infty}^{-1} b^n z^{-n} + \sum_{n=0}^{\infty} a^n z^{-n}$$

$$\text{第 1 項} = -\sum_{n=1}^{\infty} b^{-n} z^n = 1 - \sum_{n=0}^{\infty} (b^{-1}z)^n$$

$$= 1 - \frac{1}{1-b^{-1}z} = \frac{1}{1-bz^{-1}}$$

$|a| < |z| < |b|$ で収束し

$$X(z) = \frac{1}{1-bz^{-1}} + \frac{1}{1-az^{-1}} = \frac{2-(a+b)z^{-1}}{(1-az^{-1})(1-bz^{-1})}$$

ROC は以下の通り．

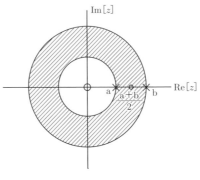

解図 **9.1**

9.3

$$X(z) = \frac{2z^2}{3z^2 - 4z + 1} = \frac{2z^2}{(3z-1)(z-1)}$$

$$\frac{X(z)}{z} = \frac{2z}{(3z-1)(z-1)} = \frac{A_0}{z} + \frac{A_1}{z-1} + \frac{A_2}{3z-1}$$

$$A_0 = X(z)|_{z=0} = 0$$

$$A_1 = (z-1)\frac{X(z)}{z}\bigg|_{z=1} = \frac{2z}{3z-1}\bigg|_{z=1} = 1$$

$$A_2 = (3z-1)\frac{X(z)}{z}\bigg|_{z=1/3} = \frac{2z}{z-1}\bigg|_{z=1/3} = -1$$

よって

$$\frac{X(z)}{z} = \frac{1}{z-1} - \frac{1}{3z-1}$$

$$X(z) = \frac{z}{z-1} - \frac{z}{3z-1} = \frac{1}{1-z^{-1}} - \frac{1}{3}\left(\frac{1}{1-\frac{1}{3}z^{-1}}\right)$$

逆変換して

$$x[n] = \mathcal{Z}^{-1}[X(z)] = u[n] - \frac{1}{3}\left(\frac{1}{3}\right)^n u[n] \qquad (\text{ROC}:|z| > 1)$$

9.4

$$x[n] \overset{z}{\longleftrightarrow} X(z) \qquad\qquad y[n] = x[n-2] \overset{z}{\longleftrightarrow} Y(z)$$

$$X(z) = 1 - z^{-1} + z^{-2} \qquad Y(z) = X(z)z^{-2} = z^{-2} - z^{-3} + z^{-4}$$

$$X(z) \cdot Y(z) = z^{-2} - 2z^{-3} + 3z^{-4} - 2z^{-5} + z^{-6}$$
$$x[n] * y[n] = \delta[n-2] - 2\delta[n-3] + 3\delta[n-4] - 2\delta[n-5] + \delta[n-6]$$

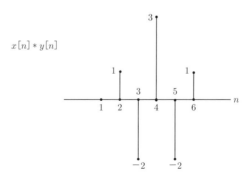

解図 **9.2**

9.5 入出力差分方程式を z 変換すると，$Y(z) = X(z) + b \cdot z^{-1} Y(z)$. よって，伝達関数は $H(z) = Y(z)/X(z) = 1/(1 - bz^{-1})$ となり $z = b$ が極となる．$|b| < 1$ が BIBO 安定の条件.

第10章

10.1

$$y[n] = \sum_{k=1}^{N} \alpha_k H(\Omega_k) e^{jn\Omega_k}$$

ここで，$H(\Omega_k)$ は周波数 Ω_k におけるシステムの周波数応答である．

10.2

$$H(z) = \sum_{k=0}^{M-1} h[k] z^{-k}$$

$$H(z^{-1}) = \sum_{k=0}^{M-1} h[k] z^{k}$$

両辺に $z^{-(M-1)}$ を乗ずると

$$z^{-(M-1)} H(z^{-1}) = z^{-(M-1)} \sum_{k=0}^{M-1} h[k] z^{k}$$

$$= \sum_{k=0}^{M-1} h[k] z^k z^{-(M-1)}$$

$$= \sum_{k=0}^{M-1} h[k] z^{-(M-1)+k}$$

$$= \sum_{k=0}^{M-1} \pm h[M-1-k] z^{-(M-1-k)}$$

$$(\because h[n] = \pm h[M-1-n])$$

$$= \pm \sum_{k=0}^{M-1} h[M-1-k] z^{-(M-1-k)}$$

$$= \pm \sum_{l=0}^{M-1} h[l] z^{-l} \quad (\because l \triangleq M-1-k)$$

$$= \pm H(z)$$

第11章

11.1 $\|\mathbf{x}\|^2 = \mathbf{x}^T \cdot \mathbf{x} = (\mathbf{X}^T U)(U^T \mathbf{X}) = \mathbf{X}^T \cdot \mathbf{X} = \|\mathbf{X}\|^2$

11.2

$$X'[k] = \sum_{n=0}^{2N-1} x'[n] W_{2N}^{nk}$$

$$= \sum_{n=0}^{N-1} x[n] W_{2N}^{nk} + \sum_{n=N}^{2N-1} x[2N-1-n] W_{2N}^{nk}$$

$$= x[0] W_{2N}^{0k} + x[1] W_{2N}^{1k} + \cdots + W[N-1] W_{2N}^{(N-1)k}$$
$$+ x[0] W_{2N}^{(2N-1)k} + x[1] W_{2N}^{(2N-2)k} + \cdots + W[N-1] W_{2N}^{Nk}$$

$$= \sum_{n=0}^{N-1} x[n] (W_{2N}^{nk} + W_{2N}^{(2N-1-n)k})$$

ここで，

$$W_{2N}^{nk} + W_{2N}^{(2N-1-n)k} = W_{2N}^{nk} + W_{2N}^{-(n+1)k}$$

$$= W_{2N}^{-\frac{k}{2}} \underline{(W_{2N}^{(n+\frac{1}{2})k} + W_{2N}^{-(n+\frac{1}{2})k})} \quad \text{(a)}$$

$$\left(Note:W_N^{nk}=W_N^{n(k+N)}=W_N^{(n+N)k}\right)$$

$$\left(n+\frac{1}{2}\right)k\triangleq A\text{ とおく}$$

(a) 式
$$W_{2N}^A+W_{2N}^{-A}=\exp\left(\frac{-j2\pi A}{2N}\right)+\exp\left(\frac{-j2\pi(-A)}{2N}\right)$$

$$=2\cos\frac{2\pi A}{2N}$$

$$=2\cos\frac{2\pi(n+\frac{1}{2})k}{2N}$$

$$\left(Note:\cos\theta=\frac{e^{j\theta}+e^{-j\theta}}{2}\right)$$

したがって

$$X'[k]=2W_{2N}^{-\frac{k}{2}}\sum_{n=0}^{N-1}x[n]\cos\left(\frac{\pi(2n+1)k}{2N}\right)$$

第12章

12.1 解図 12.1 にハフマン符号化の統合過程を，解図 12.2 にハフマン符号化の木と符号語を示す．生起確率の大きい記号に短い符号，逆に生起確率の小さい記号に長い符号が割り当てられていることがわかる（表 12.1 参照）．

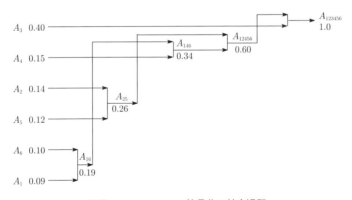

解図 **12.1** ハフマン符号化の統合過程

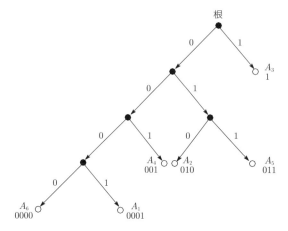

解図 **12.2** ハフマン符号化の木と符号語

第13章

13.1 次の通り.

$$
\begin{pmatrix} \xi[1] \\ \xi[2] \\ \xi[3] \\ \xi[4] \\ \xi[5] \end{pmatrix} = \begin{pmatrix} \hat{w}_1 & \hat{w}_0 & \hat{w}_{-1} & 0 & 0 & 0 & 0 \\ 0 & \hat{w}_1 & \hat{w}_0 & \hat{w}_{-1} & 0 & 0 & 0 \\ 0 & 0 & \hat{w}_1 & \hat{w}_0 & \hat{w}_{-1} & 0 & 0 \\ 0 & 0 & 0 & \hat{w}_1 & \hat{w}_0 & \hat{w}_{-1} & 0 \\ 0 & 0 & 0 & 0 & \hat{w}_1 & \hat{w}_0 & \hat{w}_{-1} \end{pmatrix} \begin{pmatrix} x[0] \\ x[1] \\ x[2] \\ x[3] \\ x[4] \\ x[5] \\ x[6] \end{pmatrix}
$$

13.2 実数 a を超えない最大の整数を記号 $\lfloor a \rfloor$ で表すものとして

$$
N' = \left\lfloor \frac{N - K + 2P}{S} \right\rfloor + 1
$$

13.3 $N \times N$ の実対称行列 $\mathcal{L}$ が半正定値であることと,任意の N 次元実ベクトル $\boldsymbol{x}$ について $\boldsymbol{x}^T \mathcal{L} \boldsymbol{x} \geq 0$ が成り立つことは等価である.ここで,$\mathcal{L}$ が何らかの行列 $\mathcal{A}$ を用いて $\mathcal{L} = \mathcal{A}^T \mathcal{A}$ と表されるとき,任意の $\boldsymbol{x}$ について $\boldsymbol{x}^T \mathcal{L} \boldsymbol{x} = \boldsymbol{x}^T \mathcal{A}^T \mathcal{A} \boldsymbol{x} = \|\mathcal{A}\boldsymbol{x}\|^2$ であることから,$\mathcal{L} = \mathcal{A}^T \mathcal{A}$ の形に分解できることを示せば十分である.いま,頂点の総数を $|\mathcal{V}|$,辺の総数を $|\mathcal{E}|$ として,$\mathcal{A}$ を $|\mathcal{E}|$ 行 $|\mathcal{V}|$ 列の行列として定める.その k 行 l 列成分 $\mathcal{A}_{kl}$ は

$$
\mathcal{A}_{kl} = \begin{cases} \sqrt{\varpi_{kl}} & (\text{頂点 } \nu_l \text{ が } k \text{ 番目の辺の左端}) \\ -\sqrt{\varpi_{kl}} & (\text{頂点 } \nu_l \text{ が } k \text{ 番目の辺の右端}) \\ 0 & (\text{頂点 } \nu_l \text{ が } k \text{ 番目の辺の端点でない}) \end{cases}
$$

とする（便宜上，各辺の両端点のうち頂点番号の大きいほうを右端とする）．このとき，明らかに $\mathcal{L} = \mathcal{A}^T \mathcal{A}$ である．

続いて，λ, λ' を $\mathcal{L}$ に関する任意の 2 つの固有値とし，各々に属する固有ベクトルを γ, γ' とする（$\gamma \neq \gamma'$）．このとき，$\mathcal{L}^T = \mathcal{L}$ であることから

$$
\lambda \gamma^T \gamma' = (\mathcal{L}\gamma)^T \gamma' = \gamma^T \mathcal{L}^T \gamma' = \gamma^T (\mathcal{L}\gamma') = \gamma^T (\lambda' \gamma') = \lambda' \gamma^T \gamma'
$$

が成り立ち，したがって $(\lambda - \lambda')\gamma^T \gamma' = 0$ である．$\lambda \neq \lambda'$ のとき，直ちに $\gamma^T \gamma' = 0$ が導かれる．$\lambda = \lambda'$ のとき，γ' に代わり $\gamma'' = \kappa(\gamma' - (\gamma^T \gamma')\gamma)$ を固有ベクトルとして採用すればよい（κ は $\|\gamma''\| = 1$ を保証するための正規化定数）．

13.4 $\mathcal{L}$ の k 行 l 列成分を $\mathcal{L}_{kl}$ とする．このとき，式 (13.10)，(13.12) より，任意の k について

$$
\sum_{l=1}^{N} \mathcal{L}_{kl} = \mathcal{L}_{kk} + \sum_{l \neq k} \mathcal{L}_{kl} = (\eta_k - \varpi_{kk}) - \sum_{l \neq k} \varpi_{kl} = \eta_k - \sum_{l=1}^{N} \varpi_{kl} = 0
$$

が成り立つ．上式は，$\mathcal{L}$ の列ベクトルの総和が $\mathbf{0}$ となること，すなわち，すべての次元が 1 であるような N 次元ベクトルを $\mathbb{I}_N$ とおいたとき

$$
\mathcal{L}\left(\frac{1}{\sqrt{N}}\mathbb{I}_N\right) = \mathbf{0} = 0 \cdot \left(\frac{1}{\sqrt{N}}\mathbb{I}_N\right)
$$

であることを意味する．上式より，$\mathcal{L}$ の固有値のうち少なくとも 1 つは 0 となるが，$\mathcal{L}$ は半正定値対称行列（すべての固有値が 0 以上の実数となる実対称行列）であることから，これはすべての固有値の中で最も小さい．よって，$\lambda_1 = 0$ であり，かつ，$\gamma_1 = \frac{1}{\sqrt{N}}\mathbb{I}_N$ である．この γ_1 は明らかに定数信号である．

13.5 式 (13.13) より $\Gamma^T \Gamma = \Gamma\Gamma^T = I$（$I$ は単位行列）であるから，

$$
\sum_{k=1}^{N} X_k^2 = \boldsymbol{X}^T \boldsymbol{X} = (\Gamma\boldsymbol{x})^T \Gamma\boldsymbol{x} = \boldsymbol{x}^T (\Gamma^T \Gamma)\boldsymbol{x} = \boldsymbol{x}^T \boldsymbol{x} = \sum_{i=1}^{N} x(\nu_i)^2
$$

索　引

〈著者略歴〉

馬 場 口　登（ばばぐち　のぼる）

1979年　大阪大学 工学部 通信工学科 卒業
1982年　大阪大学 大学院工学研究科 通信工学専攻後期課程 退学
1984年　工学博士（大阪大学）
1987年　大阪大学 工学部 通信工学科 助手
1993年　大阪大学 産業科学研究所 助教授
2002年　大阪大学 大学院工学研究科 教授
現　在　福井工業大学 教授
　　　　大阪大学 特任教授・名誉教授

中 村 和 晃（なかむら　かずあき）

2005年　京都大学 工学部 情報学科 卒業
2010年　京都大学 大学院情報学研究科 知能情報学専攻 博士後期課程 研究指導認定退学
2011年　博士（情報学）（京都大学）
2010年　京都大学 大学院法学研究科 助手
2012年　大阪大学 大学院工学研究科 情報広報室 助教
2014年　大阪大学 大学院工学研究科 電気電子情報工学専攻 助教
現　在　東京理科大学 工学部 情報工学科 准教授

新しい信号処理の教科書
―信号処理の基本から深層学習・グラフ信号処理まで―

2021 年 11 月 20 日　　第 1 版第 1 刷発行
2024 年 5 月 10 日　　　第 1 版第 3 刷発行

著　　者　馬場口　登・中村和晃
発 行 者　村上和夫
発 行 所　株式会社 オーム社
　　　　　郵便番号　101-8460
　　　　　東京都千代田区神田錦町 3-1
　　　　　電話　03(3233)0641(代表)
　　　　　URL　https://www.ohmsha.co.jp/

印刷・製本　三美印刷
ISBN978-4-274-22780-6　Printed in Japan

本書の感想募集　https://www.ohmsha.co.jp/kansou/
本書をお読みになった感想を上記サイトまでお寄せください．
お寄せいただいた方には，抽選でプレゼントを差し上げます．

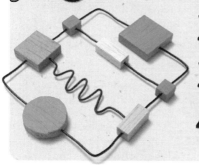

1 広く浅く記述するのではなく，
必ず知っておかなければならない事項について
やさしく丁寧に，深く掘り下げて解説しました

2 各節冒頭の「キーポイント」に
知っておきたい事前知識などを盛り込みました

3 より理解が深まるように，
吹出しや付せんによって補足解説を盛り込みました

4 理解度チェックが図れるように，
章末の練習問題を難易度3段階式としました

基本からわかる 電子回路講義ノート
● 渡部 英二 監修／工藤 嗣友・高橋 泰樹・水野 文夫・吉見 卓・渡部 英二 共著
● A5判・228頁 ● 定価(本体2500円)【税別】

基本からわかる ディジタル回路講義ノート
● 渡部 英二 監修／安藤 吉伸・井口 幸洋・竜田 藤男・平栗 健二 共著
● A5判・224頁 ● 定価(本体2500円)【税別】

基本からわかる 電磁気学講義ノート
● 松瀬 貢規 監修／市川 紀充・岩崎 久雄・澤野 憲太郎・野村 新一 共著
● A5判・234頁 ● 定価(本体2500円)【税別】

基本からわかる 信号処理講義ノート
● 渡部 英二 監修／久保田 彰・神野 健哉・陶山 健仁・田口 亮 共著
● A5判・184頁 ● 定価(本体2500円)【税別】

基本からわかる システム制御講義ノート
● 橋本 洋志 監修／石井 千春・汐月 哲夫・星野 貴弘 共著
● A5判・248頁 ● 定価(本体2500円)【税別】

基本からわかる 電気電子材料講義ノート
● 湯本 雅恵 監修／青柳 稔・鈴木 薫・田中 康寛・松本 聡・湯本 雅恵 共著
● A5判・232頁 ● 定価(本体2500円)【税別】

基本からわかる 電気回路講義ノート
● 西方 正司 監修／岩崎 久雄・鈴木 憲吏・鷹野 一朗・松井 幹彦・宮下 收 共著
● A5判・256頁 ● 定価(本体2500円)【税別】

もっと詳しい情報をお届けできます．
◎書店に商品がない場合または直接ご注文の場合も
右記宛にご連絡ください．

ホームページ https://www.ohmsha.co.jp/
TEL／FAX TEL.03-3233-0643 FAX.03-3233-3440

（定価は変更される場合があります）

A-1508-138